U0263627

《智能科学技术著作丛书》编委会

智能科学技术著作丛书

物联网：RFID多标签识别技术

贾小林　著

科学出版社
北　京

内 容 简 介

本书针对物联网标识系统的基本构成和技术要求，围绕 RFID 多标签识别过程中的核心技术问题，介绍了 RFID 多标签识别碰撞和防碰撞技术方法，重点分析了以碰撞树算法为代表的基于碰撞树的 RFID 多标签识别防碰撞算法分支中的系列技术方法及其性能特征，包括碰撞树算法、动态碰撞树算法、碰撞树窗口算法、改进型碰撞树算法、通用碰撞树算法、双响应碰撞树算法、多分支碰撞树算法和自适应碰撞树算法等，以及 RFID 多标签识别防碰撞算法稳定性的基本概念和分析评价方法，为相关技术研究和标准化应用奠定了基础。

本书可以作为物联网技术、RFID 技术、计算机应用技术领域技术人员和研究人员的参考书籍。

图书在版编目(CIP)数据

物联网：RFID 多标签识别技术/贾小林著. —北京：科学出版社，2019. 6
(智能科学技术著作丛书)
ISBN 978-7-03-061263-2

Ⅰ. ①物…　Ⅱ. ①贾…　Ⅲ. ①无线电信号-射频-信号识别　Ⅳ. ①TN911. 23

中国版本图书馆 CIP 数据核字(2019)第 094648 号

责任编辑：张海娜　赵微微 / 责任校对：郭瑞芝
责任印制：吴兆东 / 封面设计：陈　敬

科 学 出 版 社 出版
北京东黄城根北街 16 号
邮政编码：100717
http://www.sciencep.com
北京凌奇印刷有限责任公司 印刷
科学出版社发行　各地新华书店经销
*
2019 年 6 月第　一　版　开本：720×1000　B5
2020 年 5 月第三次印刷　印张：10 1/4
字数：199 000

定价：88. 00 元

(如有印装质量问题，我社负责调换)

《智能科学技术著作丛书》序

"智能"是"信息"的精彩结晶,"智能科学技术"是"信息科学技术"的辉煌篇章,"智能化"是"信息化"发展的新动向、新阶段。

"智能科学技术"(intelligence science & technology,IST)是关于"广义智能"的理论方法和应用技术的综合性科学技术领域,其研究对象包括:

• "自然智能"(natural intelligence,NI),包括"人的智能"(human intelligence,HI)及其他"生物智能"(biological intelligence,BI)。

• "人工智能"(artificial intelligence,AI),包括"机器智能"(machine intelligence,MI)与"智能机器"(intelligent machine,IM)。

• "集成智能"(integrated intelligence,II),即"人的智能"与"机器智能"人机互补的集成智能。

• "协同智能"(cooperative intelligence,CI),指"个体智能"相互协调共生的群体协同智能。

• "分布智能"(distributed intelligence,DI),如广域信息网、分散大系统的分布式智能。

"人工智能"学科自 1956 年诞生以来,在起伏、曲折的科学征途上不断前进、发展,从狭义人工智能走向广义人工智能,从个体人工智能到群体人工智能,从集中式人工智能到分布式人工智能,在理论方法研究和应用技术开发方面都取得了重大进展。如果说当年"人工智能"学科的诞生是生物科学技术与信息科学技术、系统科学技术的一次成功的结合,那么可以认为,现在"智能科学技术"领域的兴起是在信息化、网络化时代又一次新的多学科交融。

1981 年,中国人工智能学会(Chinese Association for Artificial Intelligence,CAAI)正式成立,25 年来,从艰苦创业到成长壮大,从学习跟踪到自主研发,团结我国广大学者,在"人工智能"的研究开发及应用方面取得了显著的进展,促进了"智能科学技术"的发展。在华夏文化与东方哲学影响下,我国智能科学技术的研究、开发及应用,在学术思想与科学方法上,具有综合性、整体性、协调性的特色,在理论方法研究与应用技术开发方面,取得了具有创新性、开拓性的成果。"智能化"已成为当前新技术、新产品的发展方向和显著标志。

为了适时总结、交流、宣传我国学者在"智能科学技术"领域的研究开发及应用成果,中国人工智能学会与科学出版社合作编辑出版《智能科学技术著作丛书》。需要强调的是,这套丛书将优先出版那些有助于将科学技术转化为生产力以及对社会和国民经济建设有重大作用和应用前景的著作。

我们相信,有广大智能科学技术工作者的积极参与和大力支持,以及编委们的共同努力,《智能科学技术著作丛书》将为繁荣我国智能科学技术事业、增强自主创新能力、建设创新型国家做出应有的贡献。

祝《智能科学技术著作丛书》出版,特赋贺诗一首:

智能科技领域广
人机集成智能强
群体智能协同好
智能创新更辉煌

涂序彦

中国人工智能学会荣誉理事长

2005 年 12 月 18 日

前言

互联网已经广泛应用于信息检索、视频传输、资源共享、网上购物、银行服务、娱乐交友等各种服务之中。物联网是互联网的进化发展和应用，它允许各种对象相互连接、共享信息、协同行动，以便汇聚更多资源，形成更加强大的计算和存储能力，提供更加丰富和快捷的应用和服务。随着接入对象和服务业务的不断增加，物联网面临新的技术挑战。这些挑战包括：海量目标对象标识和识别，传感设备感知能力提升和小型化、微型化，大数据分析和处理，远程数据高效获取与计算，数据过程开放性和安全性等。物联网中每一个物对象都需要有一个唯一的编号进行标识、识别和身份确认，以方便与系统和其他物对象的连接和通信。射频识别(RFID)技术是发展最快、最具前途的物联网标识和识别技术。RFID 技术与物联网发展息息相关，相互促进，密不可分。

RFID 系统中阅读器和标签通过无线射频信号进行通信和数据交互，当多个标签同时向阅读器发送数据时，所发送的信号在无线信道中相互干扰，发生信号冲突，形成标签碰撞。因此，需要采取防碰撞技术进行 RFID 多标签识别过程中的碰撞处理，正确识别和选择与阅读器通信的标签标识对象，完成数据采集和相关交互任务。现有国际标准推荐使用的 RFID 多标签识别方法主要包括基于树搜索的查询树算法、二进制树算法、动态二进制搜索算法和基于 ALOHA 算法的 Q 算法、时隙算法、帧时隙算法、动态帧时隙算法等经典防碰撞算法。但是这些经典防碰撞算法的 RFID 多标签识别性能较低，最佳识别效率通常限于 34%～36.8%，不能满足物联网中 RFID 标签规模化部署和快速识别的要求。

本书针对物联网标识和识别技术的发展和应用需求，介绍基于碰撞树的几种高性能的 RFID 多标签识别防碰撞方法。这些方法完全消除了 RFID 多标签识别过程中可能存在的空周期(树型算法)或空时隙(ALOHA 算法)，有效解决了 RFID 多标签识别过程中的标签碰撞问题，将 RFID 多标签识别效率提高到 50% 及以上，突破了 RFID 多标签识别防碰撞技术长期存在的效率瓶颈。这些算法简单直接，应用实施方便，能够应用于无源被动 RFID 多标签识别系统等多种 RFID 应用系统。以碰撞树算法为代表和核心的防碰撞算法系列，通过对碰撞位的跟踪和直接处理，消除了 RFID 多标签识别过程中的空周期或空时隙，标签识别效率达到或超过 50%，算法本身复杂度低且具有良好的可实施性，能够作为现行国际标准推荐算法的高性能替代算法使用。

本书包括 10 章内容。第 1 章介绍物联网、RFID 技术、RFID 多标签识别防碰撞技术等基本概念，以及它们之间的联系；第2章介绍物联网和工业物联网的基本概念、物联网关键技术和资源体系、物联网标识技术，以及物联网技术应用；第3章介绍RFID系统的组织结构、通信和编码技术、碰撞和防碰撞技术，以及RFID多标签识别防碰撞算法；第4章介绍碰撞树算法的基本思路和标签识别过程，给出碰撞树的定义和基本性质，分析碰撞树算法的主要识别性能；第5章介绍RFID多标签识别防碰撞算法稳定性的基本概念和计算方法，并分析碰撞树算法的识别性能稳定性；第6章针对RFID标签编号连续分布的情况，介绍基于二元确定性原理的改进型碰撞树算法，给出标签编号分布连续度的概念和计算方法；第7章针对RFID系统中捕获效应等不确定因素，介绍通用碰撞树算法的基本思路和RFID多标签识别过程，解决标签漏读或标签隐藏问题；第8章介绍双响应碰撞树算法的基本原理和工作过程；第9章针对动态RFID系统中多标签识别过程和特征，介绍动态RFID系统模型，给出动态碰撞树算法的基本思路和工作过程；第10章介绍与碰撞树算法系列相关的几种RFID多标签识别技术。

本书内容涵盖作者多年的研究成果，从构思到付梓得到众多老师、同学、朋友和家人的支持和帮助。特别感谢西南交通大学信息科学与技术学院冯全源教授引领我进入这一新兴领域，指导我完成相关技术研究，并对我的教学科研工作给予长期支持。感谢渥太华大学电子工程和计算机科学学院 Miodrag Bolic 教授对我在加拿大访学期间的学习工作和科学研究，以及本书撰写等方面给予的帮助。本书的研究得到国家自然科学基金（61471306、61601381、61531016、61831017）、国家留学基金（201709390005）、四川省科技厅科研基金（2018GZ0139、2016GZ0059、2014JY0230）和四川省教育厅资助科研基金（18ZA0488、18TD0020、13CZ00025）等资助。

由于作者水平有限，书中难免会有疏漏之处，恳请读者批评指正。

作　者

2018年12月于渥太华大学

目　　录

第1章　绪　　论

物联网(internet of things,IOT)[1,2],也称为信息物理系统(cyber physical systems,CPS),是信息物理网络的一种新模式,它允许物对象(objects)采集和交换数据信息,物对象和应用系统可以通过网络基础设施进行远程感知和控制,从而实现物理时间和计算机系统的集成,将互联网(internet)扩展到现实世界。物联网在智能住宅、环境监测、医疗卫生、工业生产、农业管理、交通运输等领域有着广泛的应用。物联网以其巨大的应用潜力,引起学术界、工业界和政府的广泛关注。

物联网是在计算机互联网的基础上,利用射频识别(radio frequency identification,RFID)技术、无线数据通信技术等构造的一个覆盖世界上万事万物的网络。将阅读器安装到任何需要采集信息的地方,通过互联网进行全程跟踪,这样所有的物品和互联网就组成了"物联网"。其实质就是利用 RFID 技术等,通过计算机互联网以实现全球物品的自动识别,达到信息的互联和实时共享。物联网技术发展和应用可以概括为以下四个阶段[3]。

第一阶段(2010 年前):基于 RFID 技术实现低功耗、低成本的单个物体间的互联,并在物流、零售、制药等领域开展局部的应用。

第二阶段(2010～2015 年):利用传感网与无处不在的 RFID 标签实现物与物之间的广泛互联,针对特定的产业制定技术标准,并完成部分网络的融合。

第三阶段(2015～2020 年):具有可执行指令的 RFID 标签广泛应用,物体进入半智能化,物联网中异构网络互联的标准制定完成,网络具有高速数据传输能力。

第四阶段(2020 年之后):物体具有完全的智能响应能力,异构系统能够实现协同工作,人、物、服务与网络达到深度融合。

RFID 技术作为物联网技术的子领域,位于感知层,是物联网发展的基础,也是实现物联网的前提。物联网应用层的发展必须在感知层的基础上进行,因此若要发展物联网,必须优先发展感知层。物联网的发展使得应用层需求呈现多元化及复杂化趋势,应用场景不断拓展,释放新型技术需求,这驱动着感知层相关技术的创新升级。为了进一步普及超高频(UHF)RFID 技术应用,促进 UHF RFID 技术的发展,实现万物互联互通,全球范围的 RAIN RFID 联盟成立,其拥有来自美洲、欧洲、大洋洲、亚洲等国家及地区的 160 多个成员单位,包括政府机构、科研单位、生产企业、商业公司、高校院所等,他们共同推动 RFID 技术与物联网技术的协同发展和深入应用。

我国各部委对物联网技术和 RFID 技术相关领域技术的研究和示范应用给予了多层面的支持，973 计划、863 计划、国家自然科学基金、国家科技支撑计划等先后建立了专项基金，支持基础技术、专项技术的研究和应用。2006 年 6 月，科技部、发展改革委、信息产业部、商务部、公安部、教育部、交通部、农业部等 15 个部委正式出台了《中国射频识别(RFID)技术政策白皮书》，全面规划并指导 RFID 技术的发展研究和应用推广。2009 年 10 月，中国射频识别(RFID)技术发展与应用报告编写组发布了《中国射频识别(RFID)技术发展与应用报告蓝皮书》，对未来五到十年我国 RFID 技术、应用、产业和标准的发展进行了规划和部署。工业和信息化部在 2011 年 5 月和 2013 年 5 月，先后发布了《物联网白皮书》和《物联网标识白皮书》，对物联网的发展和应用趋势，以及其面临的主要问题进行了分析和预测，特别是对物联网的重要支撑技术——RFID 技术，在物联网中的编码、标识、感知等方面的重要作用进行了阐述。RFID 系统构成了物联网的末端系统和边界系统，是物联网感知层最重要的组成和支撑部分。

近年来，随着人工智能、云计算、大数据、量子计算等新一代智能技术的出现，第四次工业革命的序幕悄然拉开，技术社会发展的引擎正由互联网逐步转向智能技术。人类社会迎来智能时代，智能技术应用开始赋能各行各业，行业智能化加快，导致物联网的全面升级应用，RFID 技术的重要地位和应用需求也随之提升。2016 年 11 月，国务院印发了《"十三五"国家战略性新兴产业发展规划》，实施网络强国战略，加快建设"数字中国"，推动物联网、云计算和人工智能等技术向各行业全面融合渗透，构建万物互联、融合创新、智能协同、安全可控的新一代信息技术产业体系。2016 年 12 月，国务院印发了《"十三五"国家信息化规划》，推进物联网感知设施规划布局，发展物联网开环应用，实施物联网重大应用示范工程，推进物联网应用区域试点，建立城市级物联网接入管理与数据汇聚平台，深化物联网在城市基础设施、生产经营等环节中的应用。2017 年 1 月，工业和信息化部发布了《物联网发展规划(2016—2020 年)》，在物联网产业生态布局、技术创新体系、标准建设、物联网的规模应用以及公共服务体系等方面，提出了具体的建设思路和发展目标。2017 年 7 月，国务院印发了《新一代人工智能发展规划》，要求大力推动智能化信息基础设施建设，提升传统基础设施的智能化水平，完善物联网基础设施，发展支撑新一代物联网的高灵敏度、高可靠性智能传感器件和芯片，攻克射频识别、近距离机器通信等物联网核心技术和低功耗处理器等关键器材。

随着传感技术、网络传输技术的不断进步，RFID 芯片的硬件成本不断下降，基于互联网、物联网的集成应用解决方案不断成熟，RFID 技术在工业生产、物流运输、医疗健康、智能化管理等众多领域得到了更广泛的应用。物联网中的每一个物理对象都需要使用一些自动识别技术(auto-ID technology)，用于唯一标识和识别物理对象。自动识别技术是自动识读信息数据,并将其自动输入计算机的重要方法和手段,它是以计算机技术和通信技术为基础的综合性学科。近几十年来,自动识别技术在全球范围内得到了迅猛发展,目前已经形成了一个包括条形码(barcode)、磁识别、光学字符识别、生物识别、智能卡、射频识别,以及图像识别等集计算机、光学、机械、电子、通信技术为一体的高新技术学科。其中条形码技术被认为是自动识别技术中最古老、最成熟,同时是到目前为止应用最成功、最广泛的技术。它具有简单、信息采集速度快、可靠性高、灵活适用、自由度大、使用成本低等特点。

RFID技术相较其他感知技术(二维码、条形码等)具备无须接触、无须可视、可完全自动识别化等优势,在适用环境、读取距离、读取效率、可读写性方面的限制相对较低,已经逐步成为应用最广泛的自动识别技术。RFID技术将通信、存储、计算等组件集成在可附加的RFID标签之中,可以在一定距离和范围内与RFID阅读器或智能终端设备进行无线通信。因此,RFID技术为物联网中目标对象的标识和连接提供了一种简单而廉价的方式,只要一个目标对象有附加RFID标签,阅读器就可以识别和跟踪该目标对象,并获取该目标对象的数据信息。

随着物联网应用范围的不断拓展,RFID技术已经成为重点发展和主流的感知层技术,而未来成本的逐步下降令其有望在高度智能化的社会中进一步替代二维码、条形码的市场份额,且行业自身存在更新换代需求,技术革新驱动行业的可持续健康发展。感知层的标识感知技术是物联网的基础和源泉,其核心是RFID技术和无线传感器网络(WSN)技术。图1-1给出了物联网技术以及标识感知技

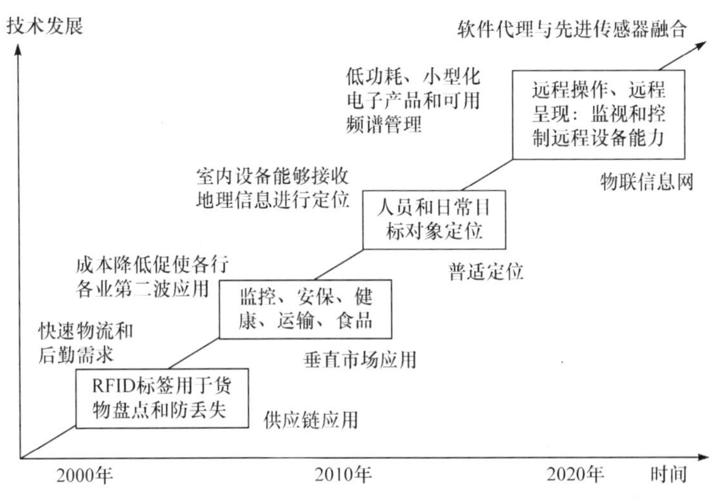

图1-1　物联网技术以及标识感知技术发展和应用趋势[4]

术的发展和应用趋势。可见,对物质世界的统一标识、普适定位、智能感知、互联互通成为物联网发展的必然趋势。因此,RFID 技术、物联网技术将长期成为诸多相关领域研究的热点内容和关键技术之一。

RFID 技术是一种基于无线射频通信原理的非接触式自动识别技术。RFID 标签具有体积小、容量大、寿命长、可重复使用等特点,可支持快速读写、非可视识别、移动识别、多目标识别、定位及长期跟踪管理。RFID 技术与互联网、通信等技术相结合,可以实现全球范围内物品跟踪和信息共享。RFID 技术应用于物流、制造、公共信息服务等行业,可大幅提高管理和运作效率,降低成本。研究和发展 RFID 相关技术和产业,对提升社会信息化水平、促进经济可持续发展、提高人民生活质量、增强公共安全与国防安全等产生深远影响,具有战略性的重大意义。

RFID 系统通常由若干标签和一个或多个阅读器组成。RFID 系统采用射频信号通过空间耦合(交变磁场或电磁场)实现无接触信息传递,并通过所传递的信息达到识别目标对象的目的。阅读器与标签通过无线信道进行通信,当多个附着标签的物体进入阅读器的识别范围,多个标签同时与阅读器进行通信时,信号在空中媒介中相互干扰,就会发生标签碰撞(tag collision),导致标签识别和数据传送失败。因此,就需要建立有效的防碰撞机制,来协调阅读器与标签之间的通信过程,以实现多个标签的同时识别。在 RFID 系统中,用于解决多标签识别中碰撞问题的方法或机制,称为防碰撞算法(anti-collision algorithm),也称为防碰撞协议(anti-collision protocol)。所以,防碰撞算法是 RFID 多标签识别的重要支撑技术,也是突破多标签识别瓶颈的技术。目前,多标签识别技术及防碰撞算法的研究,已经成为 RFID 相关技术及应用研究的核心内容之一。

解决标签碰撞的实质就是多标签识别(multiple tags identification)问题。目前,已经提出的多标签识别防碰撞算法可以分为两大类:一类是基于 ALOHA 的时隙防碰撞算法,如纯 ALOHA(pure ALOHA,PA)算法、时隙 ALOHA(slotted ALOHA,S-ALOHA)算法、帧时隙 ALOHA(frame slotted ALOHA,FSA)算法;另一类是基于树搜索的树型防碰撞算法,如查询树(query tree,QT)算法、二进制树(binary tree,BT)算法、二进制搜索(binary search,BS)算法和动态二进制搜索(dynamic binary search,DBS)算法。这些算法是防碰撞算法研究中的经典算法和基础算法,在相关研究领域和生产应用中也发挥了重要的作用,其中大部分被国际标准推荐使用,如表 1-1 所示。

表 1-1 经典 RFID 防碰撞算法在主要国际标准中的推荐使用[5]

防碰撞算法	主要应用标准
查询树算法(QT)	ISO/IEC 18000-3 Mode 1
二进制树算法(BT)	ISO/IEC 18000-6 Type B EPCglobal Class 0 EPCglobal Class 1
动态二进制搜索算法(DBS)	ISO 14443-3 Type-A
Q 算法	ISO/IEC 18000-6 Type C EPCglobal Class 1 Generation 2
纯 ALOHA 算法(PA)	ISO/IEC 18000-3 Mode 1 Extension
时隙 ALOHA 算法(S-ALOHA)	ISO/IEC 18000-3 Mode 2
帧时隙 ALOHA 算法(FSA)	ISO/IEC 18000-3 Mode 1 Extension ISO/IEC 18000-6 Type A EPCglobal Class 1 EPCglobal Class 1 Generation 2
动态帧时隙 ALOHA 算法(DFSA)	ISO/IEC 18000-3 Mode 1 ISO 14443-3 Type-B

在这些经典防碰撞算法基础上,众多专家学者提出了许多新的改进型或混合型防碰撞算法,以减少多标签识别过程中碰撞发生的次数或概率,提高多标签的识别效率。但是这些防碰撞算法的 RFID 多标签识别性能较差,不能满足 RFID 技术和物联网应用发展的要求。特别是它们的识别效率均低于 50%,国际标准中推荐使用的经典防碰撞算法的最佳识别效率只能达到 34%~36.8%,甚至更低。这也形成了 RFID 多标签识别技术研究的效率瓶颈。

本书针对 RFID 多标签识别技术研究的效率瓶颈和识别性能问题,对 RFID 标签碰撞和防碰撞本质进行研究,以 RFID 多标签识别中的碰撞为核心进行防碰撞处理,提出了碰撞树(collision tree,CT)算法,并提出了碰撞树结构。碰撞树是一种满二叉树结构,用于描述 RFID 多标签识别的基本过程,分析基于碰撞树的防碰撞算法的基本性能,也为防碰撞算法的优化和分析提供方法和手段。CT 算法能以较低的系统能耗快速高效地完成多标签的识别,而且识别性能稳定。所以,该算法能够应用于各种 RFID 多标签识别场合,完成对有源标签、无源标签、有记忆标签、无记忆标签等多种射频标签的识别,解决 RFID 多标签识别中的标签碰撞问题。

CT 算法采用简单直接的方式完成对 RFID 多标签的识别,完全消除了 RFID

多标签识别过程中可能出现的空周期,将多标签识别效率提高到 50%以上,打破了 RFID 多标签识别防碰撞算法中长期存在的效率瓶颈。同时,CT 算法有严格的树型结构,可以对其识别过程和识别性能进行描述和分析,建立以 CT 算法为代表算法和基础算法的基于碰撞树的防碰撞系列算法,为基于碰撞树的防碰撞算法研究奠定良好的基础。

第 2 章　物联网标识识别技术

2.1　引　言

物联网是基于互联网、传统电信网等信息承载体，让所有能行使独立功能的普通物体实现互联互通的网络。在物联网上，每个物对象都可以应用电子标签进行标识，任何事物对象都可以连接上网，在物联网上查询其具体位置，获取其属性，分析其行为特征等。通过物联网可以对机器、设备、人员进行集中管理、控制，也可以对家庭设备、汽车、飞机等进行遥控，以及搜索位置、防止物品被盗、预测灾害与防治犯罪、控制流行病等。物联网将现实世界数字化，汇聚整合物理世界的数据信息，广泛应用于物流运输、工业制造、健康医疗、智能环境（家庭、办公、工厂）、个人和社会等诸多领域。物联网技术应用的基础和关键是对物的标识和识别，首先需要做到物的全球唯一标识和安全可靠识别，然后才能进行后续的数据采集传输和智能分析处理等。

本章内容主要包括如下几个方面：

2.2 节为物联网的概念，主要介绍物联网的基本概念，包括消费物联网和工业物联网以及它们的区别；

2.3 节为物联网体系架构，主要介绍物联网分层体系架构，物联网关键技术，物联网标识和频谱资源等；

2.4 节为物联网标识技术，主要介绍物联网标识体系，RFID 对象标识体系，以及相关技术标准和编码机制；

2.5 节为物联网技术应用，主要介绍物联网技术主要应用领域、分类及工业实例，包括消费者应用、政府机构应用、商业企业应用。

2.2　物联网的概念

物联网的概念产生于 20 世纪 90 年代，而真正引起各国政府与产业界的重视是在 2005 年国际电信联盟（ITU）发布互联网研究报告 *The Internet of Things*（IOT）之后。早期的物联网是指依托 RFID 技术和设备，按约定的通信协议与互联网相结合，使物品信息实现智能化识别和管理，实现物品信息互联而形成的网络。随着技术和应用的发展，物联网内涵不断扩展，现代意义的物联网可以实现对物的感知识别控制、网络互联和智能处理有机统一，从而形成高智能决策。

物联网是通信网络与互联网的拓展应用和网络延伸，利用感知技术与智能装置对物理世界进行感知识别，通过网络传输互联，进行计算、处理和知识挖掘，实现人与物、物与物信息交互和无缝连接，达到对物理世界实时控制、精确管理和科学决策的目的。物联网按照应用领域和目标可以分为消费物联网（consumer IOT，CIOT）和工业物联网（industrial IOT，IIOT）[1]。消费物联网包括可穿戴设备、智能家居设备、网络应用等。工业物联网涉及能源、制造、医疗、运输等诸多行业应用。工业物联网是物联网中最大和最重要的组成部分。

消费物联网因易于被更多人感知和理解而得到更多的关注，其发展和应用较快。消费物联网通常只需要连接少数设备或几个节点，易于实现，对可靠性要求也不甚高。大多消费物联网应用系统都是全新应用领域，不需要现有基础设施支撑，也不需要考虑分布式系统设计。这些消费物联网系统已经得到广泛认同和推广使用，正在影响或改变着人们的日常生活。消费物联网在很大程度上是由人操作的计算机系统到自动化、智能化计算和应用的进化发展。

工业物联网涉及资源、生产、流通领域的诸多方面，涵盖设计、生产、加工等多个环节，所以其发展和应用较为缓慢，但其最终会对经济和社会发展产生更大、更深远的影响。工业物联网最关键、最具影响的作用是为经济建设和社会发展带来全新的基础设施。毋庸置疑，建立自动化、智能化、分布式的生产系统能够极大提升工业企业的生产能力和生产效率。工业物联网是许多大型企业未来发展战略的重要组成部分，也是传统工业制造企业和基础设施建设新一轮创新发展的重要支撑和基础技术平台。

工业物联网将具有感知、监控能力的各类采集、控制传感器或控制器，以及移动通信、智能分析等技术不断融入工业生产过程的各个环节，从而大幅提高制造效率，改善产品质量，降低产品成本和资源消耗，最终实现将传统工业提升到智能化的新阶段。工业物联网作为物联网在工业领域的子集，通常应用于智能制造行业，工业物联网在制造业可能产生巨大的技术和商业价值。成功企业能够借助工业物联网，创新商业模式，提升生产效率，优化革新分析，转化劳动力，增加赢利收入。

与消费物联网连接消费设备不同，工业物联网主要连接昂贵的大型系列设备和关键系统。因此，工业物联网要求很高，其中可靠性是最大的挑战。例如，安全可靠性问题对国家电网系统的影响远远大于其对家庭恒温器的影响。工业物联网技术工业生产行业和领域的应用日益兴盛，但传统工业控制系统具有相对独立完备的标准体系，物联网与它们之间的连接接口是制约工业物联网深入应用的关键因素。此外，与消费设备通过小型网络互连不同，工厂企业、电力系统、供给系统通常需要覆盖数千甚至数百万个设备或节点的网络。

许多企业采取协同联合模式构建工业物联网体系，其中发展最快、规模最大的工业互联网联盟（Industrial Internet Consortium，IIC）由 GE、Intel、Cisco、AT&T 和 IBM 等全球大型公司企业召集形成，成员单位超过 300 家。另一个影响较大的“工业 4.0”研究项目由德国政府和几个德国大型制造商规划完成，推进了以物联网技术应用为核心的第四次工业革命。当然，IIC 还是应用最广泛的，它涉及所有工业行业的端到端设计，开发和测试跨行业应用体系架构，而“工业 4.0”研究项目主要关注制造行业。

2.3　物联网体系架构

物联网体系架构由感知层、网络层和应用层组成，如图 2-1 所示。

感知层实现对物理世界的智能感知识别、信息采集处理和自动控制，并通过信息处理和通信模块将物理实体连接到网络层和应用层。

网络层主要实现信息的传递、路由和控制，包括延伸网、接入网和核心网，网络层可依托公众电信网和互联网，也可以依托行业专用通信网络。

应用层包括应用基础设施、物联网业务中间件和各自物联网应用。应用基础设施和物联网业务中间件为物联网应用提供信息处理、计算等通用基础服务实施、能力及资源调用接口，以此实现物联网在众多领域中的各种应用。同时，标识与解析、安全与隐私、网络与质量等技术贯穿物联网各层，确保物联网工作顺利和安全。

2.3.1　物联网关键技术

物联网涉及感知和识别技术、标识和解析技术、网络通信技术、网络管理技术、海量数据智能处理技术、面向服务的体系架构、安全和隐私技术、微电子微机电技术、计算机及嵌入式系统和软件技术等关键技术领域。

感知和识别技术是物联网感知物理世界获取信息和实现物体控制的首要环节。传感器将物理世界中的物理量、化学量、生物量转化成可供处理的数字信号。识别技术实现对物联网中物体标识和位置信息的获取。

标识和解析技术是对物理实体、通信实体和应用实体赋予的或其本身固有的一个或一组属性，并能实现正确解析的技术。物联网标识和解析技术涉及不同的标识体系、不同体系的互操作、全球解析或区域解析、标识管理等。

网络通信技术主要实现物联网数据信息和控制信息的双向传递、路由和控制，重点包括低速近距离无线通信技术、低功耗路由、自组织通信、无线接入 M2M 通信增强、IP 承载技术、网络传送技术、异构网络融合接入技术，以及认知无线电技术等。

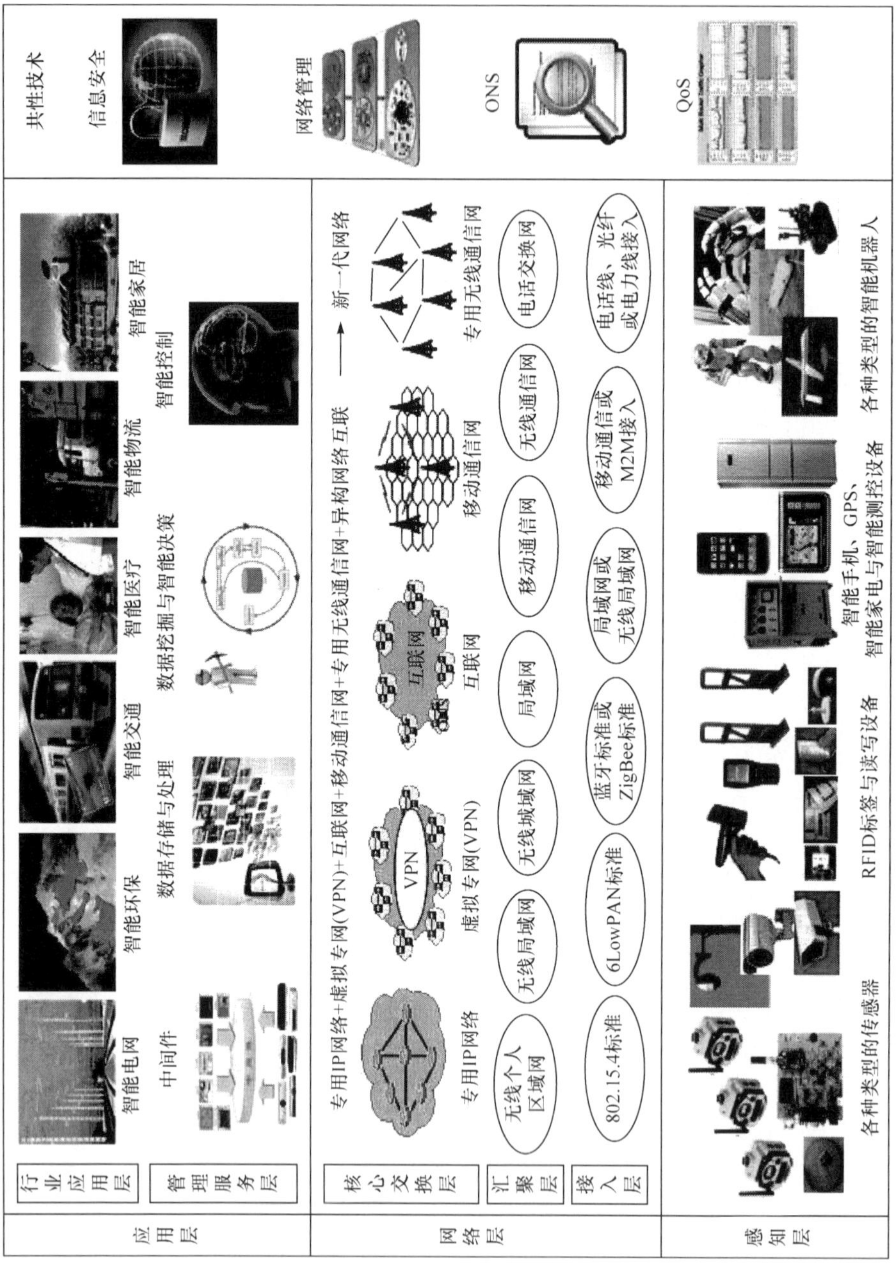

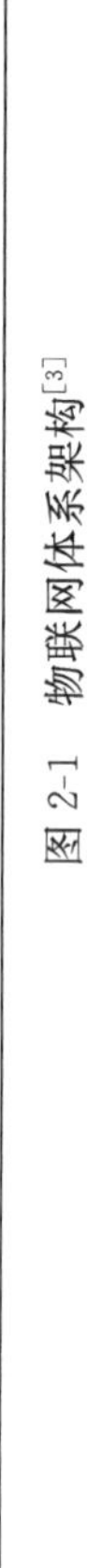

图 2-1　物联网体系架构[3]

网络管理技术主要包括管理需求、管理模型、管理功能、管理协议等。为实现对物联网广泛部署“智能物体”的管理，进行网络功能和适用性分析，构建适合的管理协议。

海量数据智能处理技术综合运用高性能计算、人工智能、数据库和模糊计算等技术，对收集的感知数据进行通用处理，主要涉及数据存储、并行计算、数据挖掘、平台服务、信息呈现等。

面向服务的体系架构(service oriented architechture，SOA)是一种松耦合的软件组件技术，它将应用程序的不同功能模块化，并通过标准化的接口和调用方式联系起来，实现快速可重用的系统开发和部署。SOA 可提高物联网架构的扩展性，提升应用开发效率，充分整合和复用信息资源。

安全和隐私技术主要包括物联网安全体系架构、网络安全技术、隐私保护技术、安全管理机制和保护措施，以及“智能物体”的广泛部署给社会生活带来的安全威胁等。

嵌入式系统满足物联网对设备功能、可靠性、成本、体积、功耗等综合要求，可按照不同应用进行定制裁剪，实现物体智能化。微机电系统实现对传感器、执行器、处理器、通信模块、电源系统等的高度集成，支撑传感器节点微型化、智能化。

2.3.2　物联网资源体系

物联网是互联网的延伸，通过 RFID 技术、无线传感技术、智能感知技术等将物理世界中的人、物、事联系起来。物联网资源体系除了现有网络资源外，主要包括标识资源和频谱资源[6]。

1. 标识资源

目前，物联网应用大多是特定行业或企业的闭环应用，它们自成体系，有着自己的协议、标准和平台。因此，物联网物体标识方面的标准和技术方法众多。

(1) 条形码标识方面。国际物品编码协会(GS1)的一维条码使用量约占全球总量的三分之一，而主流的 PDF(portable data file)417 码、QR(quick response)码、DM(data matrix)码等二维码都是 AIM(自动识别与移动技术协会)标准。

(2) 智能物体标识方面。智能传感器标识标准包括 IEEE 1451.2 和 IEEE 1451.4。手机标识包括 GSM 和 WCDMA 手机的 IMEI(国际移动设备标签)、CDMA 手机的 ESN(电子序列号)和 MEID(国际移动设备识别码)。其他智能物体标识还包括 M2M 设备标识、笔记本电脑序列号等。

(3) RFID 标签标识方面。影响力最大的是 ISO/IEC 和 EPCglobal，包括 UII(unique item identifier)、TID(tag ID)、OID(object ID)、tag OID 以及 UID(ubiquitous ID)。此外，还存在大量应用范围相对较小的地区和行业标准以及企业闭环

应用标准。为了实现各种物体标识最大程度的兼容,建立统一的物体标识体系,RFID 标签标识和电子产品编码(EPC)受到广泛关注和认同。

(4) 通信标识方面。正在使用的主要包括 IPv4、IPv6、E.164、IMSI、MAC 等。物联网在通信标识方面的需求与传统网络的需求不同。这主要体现在两个方面:一是末端通信设备的大规模增加,带来对 IP 地址、码号等标识资源需求的大规模增加;二是以无线传感器网络(WSN)为代表的智能物体近距离无线通信网络对通信标识提出了降低电源、带宽、处理能力消耗的新要求。

2. 频谱资源

物联网依赖无线通信技术(RFID 技术、无线传感技术、近场通信技术),频谱资源是无线通信的关键资源,也是物联网的重要基础资源。物联网感知层和网络层采用的无线技术主要包括 RFID、近距离无线通信、无线局域网(IEEE 802.11)、蓝牙、蜂窝移动通信、宽带无线接入等。

2.4 物联网标识技术

在物联网中,为了实现人与物、物与物的通信以及各类应用,需要利用标识来对人和物等对象、终端和设备等网络节点以及各类业务应用进行识别,并通过标识解析与寻址等技术进行翻译、映射和转换,以获取相应的地址和关联信息。

物联网标识用于在一定范围内唯一识别物联网中的物理和逻辑实体、资源、服务,使网络、应用能够基于其对目标对象进行控制和管理,以及进行相应信息的获取、处理、传送与交换。

2.4.1 物联网标识体系

基于识别目标、应用场景、技术特点等不同,物联网标识可以分为对象标识、通信标识、应用标识三类。三类标识在物联网应用流程中协同配合,共同完成物的标识、识别、跟踪、分派和管理等。

1. 对象标识

对象标识主要用于识别物联网中被感知的物理或逻辑对象。通常基于该类标识进行相关对象信息的获取,或者对标识对象进行控制与管理,而不直接将该类标识用于网络层通信或寻址。根据标识形式的不同,对象标识可进一步分为自然属性标识和赋予性标识两类。

自然属性标识是指利用对象本身所具有的自然属性作为识别标识,包括生理特征(如指纹、虹膜等)和行为特征(如声音、笔迹等)。该类标识需利用生物识别技术，通过相应的识别设备对其进行读取。

赋予性标识是指为了识别方便人为分配的标识，通常由一系列数字、字符、符号或任何其他形式的数据按照一定的编码规则组成。这类标识的形式可以为：以一维条码作为载体的 EAN、UPC，以二维码作为载体的数字、文字、符号，以 RFID 标签作为载体的 EPC、uCode、OID 等。

计算机和通信网络可以通过多种方式获取赋予性标识，如通过 RFID 标签阅读器读取存储于 RFID 标签中的物品标识，通过摄像头捕获车牌等标识信息，并通过这些信息对物品、车辆等进行分析和管理。

2. 通信标识

通信标识主要用于识别物联网中具备通信能力的网络节点，如手机、读写器、传感器等物联网终端节点以及业务平台、数据库等网络设备节点。这类标识的形式可以为 E. 163 号码、IP 地址等。通信标识可以作为相对或绝对地址用于通信或寻址，用于建立通信节点间的连接。对于具备通信能力的对象，如物联网终端，可以同时具有对象标识和通信标识，但两者的应用场景和目的不同。

3. 应用标识

应用标识主要用于对物联网中的业务应用进行识别，如医疗服务、金融服务、农业应用等。在标识形式上可以为域名、URI 等。

物联网标识解析系统将对象标识映射到通信标识、应用标识，例如，通过对某物品的标识进行解析可获得存储其关联信息的服务器地址。物联网标识解析系统是在复杂网络环境中能够准确而高效地获取对象标识对应信息的重要支撑系统。

2.4.2　RFID 对象标识体系

物联网标识类应用发展迅猛，条码技术、RFID 技术在供应链管理、物流管理、资产跟踪、防伪识别、公共安全管理、车辆管理、人员管理等方面的应用日益广泛。RFID 技术作为物联网的主要驱动技术，其应用相对成熟，在金融（如手机支付）、交通（如不停车付费）、物流（如物品跟踪管理）等行业已经形成了规模性应用，自动化、智能化、协同化程度也在不断提升。RFID 技术应用案例在物联网案例应用中超过 60%。随着 RFID 标签成本的下降，其应用范围将会不断扩大。智能手机集成 RFID 芯片和 RFID 读写器功能，进一步将基于智能手机和 RFID 技术的物联网标识类应用在行业领域和公共服务领域应用推广。

RFID 技术作为物联网标识系统的新兴技术，其发展和应用建设受各国关注，RFID 相关标准的制定和实施成为相关研究和工作的重点。RFID 技术标准主要包括通用技术标准、应用技术标准、对象标识解析技术标准，以及对象标识编码、分配管理方案等方面的内容。通用技术标准主要是数据采集和信息处理相关标准;应用技术标准结合各个应用领域特殊需求对通用技术标准进行补充和细化;对象标识解析技术标准提供标识相关信息的获取和共享机制,涉及对象标识解析架构和解析协议。

国际RFID标准化方面较有影响的组织和机构主要有ISO/IEC、EPCglobal、ITU-T、日本UID、ATM Global、IP-X等。此外,还存在大量应用范围相对较少的地区、行业标准及企业闭环应用标准。其中,ISO/IEC已经成为国际上RFID通用技术标准制定的主导,涉及空中接口标准、数据标准、测试标准、实时定位标准、安全标准等。同时,EPCglobal、日本UID等也制定RFID通用技术标准,如EPCglobal制定标签协议标准EPC UHF Gen2和EPC HF等。另外,在流通性较强的应用领域,ISO/IEC推进集装箱、物流供应链、动物管理等相关标准,而EPCglobal则侧重供应链标准。

在对象标识解析技术方面,EPCglobal由于得到美国和欧洲众多流通企业的支持,在相关研究及市场应用中处于绝对主导地位。EPCglobal定义了ONS(object name service,对象名称服务),ITU和ISO联合制定了面向OID(object identifiers,对象标识符)的ORS(object identifier resolution system,对象标识符解析系统),日本UID定义了uCode解析服务体系。此外,还有一些其他解决方案和思路,如扩展Handle解析系统以支持RFID标识解析、行业内部RFID编码和解析体系等。

在对象标识编码和分配管理方面,EPCglobal使用电子产品编码,包括96位、64位两种,可以扩展到256位,采用分级管理和付费使用方式。国内电子产品编码分配管理由中国物品编码中心负责。OID采用树状结构,树顶层分为ITU、ISO和ITU/ISO联合三个分支,可标识对象宽泛,涵盖标准、国家、公司、加密算法、网络管理、医疗信息等。日本使用uCode,长度为128位,可以扩展至512位,能够兼容日本已有的编码体系,同时能兼容EPCglobal等编码体系。

2.5　物联网技术应用

物联网是一个非常通用的术语,连接各种对象和各种服务。在物联网世界里,所有物理的或逻辑的物都被数字化,被各种数字化服务和空间连接联系起来,与周边的事和物发生千丝万缕的关系,并相互作用,相互影响。我们生活在一个快速链接的网络和物理世界里,经济发展、社会服务、环境安全、文化生活等均受到其深远的影响。物联网技术已经逐渐渗透到社会生活的诸多方面,广泛应用于智慧城市、智慧家居、智能车辆、医疗保健、体育休闲等领域。

2.5.1　物联网技术应用分类

物联网技术应用按目标对象不同分为消费者应用、政府应用、企业应用[1]，如图 2-2 所示。图 2-2 的上面部分是物联网的基本构成，包括功能模块/智能设备、网络通信系统、支撑技术平台和应用服务平台，并基于此为消费者、政府、企业提供服务。同时，安全管理系统和数据分析系统贯穿于物联网整个系统。图 2-2 的下面部分简要列出了物联网技术在消费者、政府、企业等部门的具体应用。

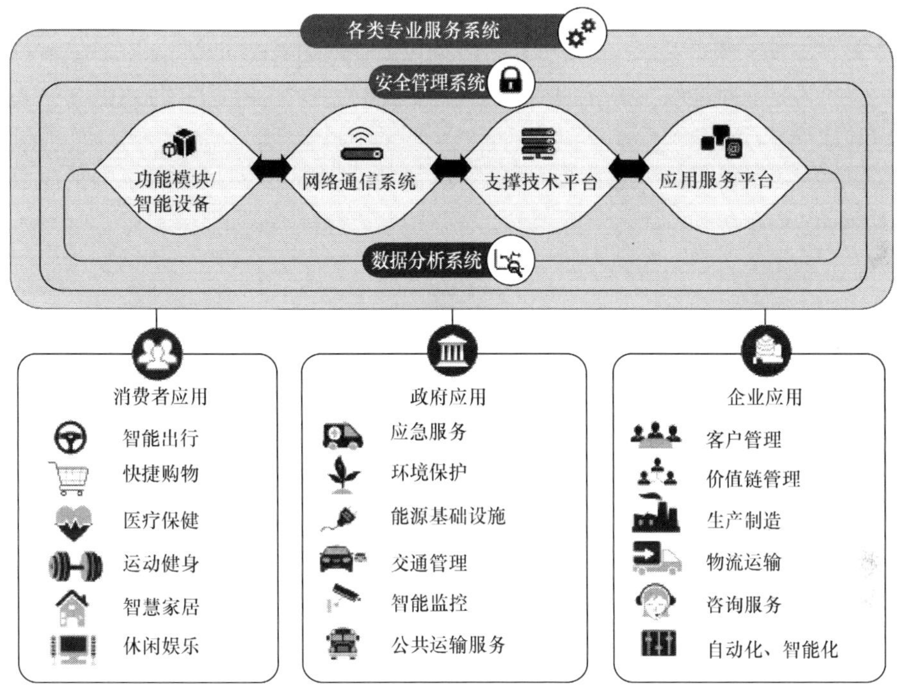

图 2-2　物联网技术应用领域

1. 消费者应用

消费者应用主要涉及智能出行、快捷购物、医疗保健、运动健身、智慧家居、休闲娱乐等方面。

(1) 智能出行包括自动车辆驾驶、智能导航和路径规划、安全操作管理、车辆状况监测与维护。

(2) 医疗保健包括疾病监测与管理、个人健康监护、生活习惯及饮食规划等。

(3) 智慧家居包括能源管理、水管理、家庭和家务自动化、家庭机器人、空气质量、安全安保等。

(4) 休闲娱乐包括兴趣、爱好、文学、艺术、园艺、音乐、智能宠物等。

2. 政府应用

政府应用主要涉及智慧城市、应急服务、环境保护、能源基础设施、交通管理、智能监控、公共运输服务等。

(1) 智慧城市包括电力与照明、智能交通、停车收费、安全监控、突发事件处理、自然或人为灾害处理、应急响应系统、资源分配管理等。

(2) 公共运输服务包括公路、铁路、航空、港口等基础设施管理,车辆、船只、飞机等交通工具管理,以及相关人员和资源调度分派管理等。

(3) 能源基础设施主要包括智能电网、水网、气网等,以及它们的需求供给和运营管理等。

(4) 环境保护包括环境监测、空气和水质量、垃圾填埋和废物管理、再生资源利用等。

3. 企业应用

企业应用主要涉及客户管理、价值链管理、生产制造、物流运输、咨询服务、自动化和智能化等。不同行业的企业根据各自的产品、功能和服务等方面的差异对物联网应用的需求和表现也存在较大差异。

(1) 能源企业对物联网应用的需求和表现体现在能源开采、预测评估、设备维护、操作管理、事故处理等。

(2) 智能医疗企业对物联网应用的需求和表现体现在医院、诊所、医疗设备、医护人员、急救服务、家庭护理、老年人护理、药品器具、计费收费、资产管理等。

(3) 智能零售企业对物联网应用的需求和表现体现在数字标识、自我结账、损失预防、货物盘点、布局优化、库存控制、客户管理、自动进货、赢利促销等。

(4) 智能制造企业对物联网应用的需求和表现体现在智能工厂、生产机器人、工业自动化、资产管理、能耗管理、运营管理、预测维护、设备优化等。

物联网技术在农业、金融、建筑、教育、保险、物流等诸多行业企业也得到日益广泛的应用。

2.5.2 物联网技术应用示例

1. 智慧城市

智慧城市(smart city)是物联网应用中提及最多、最容易理解的领域之一[7]。智慧城市涉及内容较多,管理实现较为复杂,包括交通(车辆)监控管理、城市环境(照明、污染、灾害、绿化等)管理、移动设备管理、城镇人员管理等诸多方面。

(1) 交通监控方面:通过部署在交通道路上的传感器系统和摄像系统,监测交通堵塞、道路污染、道路损坏、交通事故等,为管理部门和终端用户提供动态实时信息,方便调度、管理、导航等。

(2) 道路照明方面:检测车辆和人员的移动状态,根据车辆和人员的相关活动情况,动态开启或关闭区域照明系统,避免照明盲区,确保照明安全,降低公共能耗,节省财政开支。

(3) 污染灾害方面:检测区域地方的异常污染、水位变化、火灾情况等不良环境变化,及时预警提醒区域居民及相关人员,进行应急处理和合理处置,如关闭房屋门窗或撤离相关区域等。

(4) 垃圾清理方面:在垃圾桶、公共厕所等地方部署传感网络系统,检测垃圾及区域卫生状态,卫生服务部门根据汇总信息,统筹协调安排垃圾清理和卫生处理等工作,通过优化流程和规划路线,节省人员和资源耗费。

(5) 用户服务方面:在商店或特定地点安装传感器系统,检测进入或经过的持有智能移动设备的用户,根据用户情况提供相应服务或推荐,如商店为信誉用户提供特别消费优惠,系统向用户推荐区域内影视、娱乐、消费信息等。

(6) 城市规划方面:根据采集到的城市区域、时段、人群等各方面的感知数据,进行综合分析处理,评估城市运行功效,通过量化居民的流动性和基础设施建设需求,对城市建设进行合理规划和布局调整,优化城市建设和服务品质。

(7) 自动驾驶方面:自动驾驶由于路线使用方面的限制,主要应用在铁路轨道交通和航空等方面。物联网能够采集道路和车辆及周边环境信息,为公共交通、货物配送、拼车和共享交通等方面的自动驾驶应用提供基础条件。

(8) 数据综合服务:物联网聚合城市数据,通过数据挖掘处理、智能计算分析、实时信息共享,提供多源数据分析和综合服务。例如,将被盗物品(车辆)数据库中的丢失数据和丢失物品(车辆)上的标识数据与道路或周边检测感知数据结合,就能方便搜索并追回被盗物品(车辆)。

物联网技术在智慧城市中的应用远不止这些。随着城市规模的发展,物联网可以将更多的人、物、事联系起来,人们可以想象和实现更多的服务。

2. 智慧家居

智慧家居有时也被归为智慧城市范畴。但因其直接面向家庭用户,部署区域、关联设备和用户群体相对独立,业界通常将其作为独立应用领域处理。

典型的智慧家居系统结构包括:①由分布式传感系统和室内网络构成的通信网络,以及各种家庭数字化或智能化设备和用具等;②负责传感信息采集和汇总处理的数字网关;③接收、存储、分析数据信息的云平台系统;④连接网关和云服务平台的移动设备,主要用于家庭成员外出时接收相关信息和通知,以及完成家庭设备和环境的远程控制和参数设置等操作。由于家庭网关在家庭内部网络与全球互联网之间的隔离作用，智慧家居系统允许在家庭内部系统中部署新的技术和通信协议，以提供更多更好的家居服务和设备管理。因此，网关充当了新协议、新设备与现有基础设施之间的中介和翻译。

(1) 家用电器设备：智能冰箱检测到物品存量已经达到一个较低阈值时，就可以自动订购新的食品或饮料；食品储存室可以根据可用的食品材料，提供食谱建议；烹饪设备可以根据膳食材料类型，自动计算烹饪特定食物所需要的时间，并进行温度控制等。

(2) 家庭视频监控：可以在家中多个位置安装小型摄像机，并将采集到的视频信息通过智慧家居系统传送到互联网和用户移动设备，进行远程监控，并能在被监控区域出现某些运动或异常行为、溢水、烟雾、一氧化碳等情况时发出警报，根据预订设置或操作指令进行应急处理。

(3) 远程自动控制：通过互联网或智能终端设备，如智能手机，进行家庭设备的远程操作控制。例如，窗户、灯具、空调开启或关闭等，电视或计算机远程控制和节目录制，烹饪、沐浴、出行准备等。

(4) 环境计算管理：按照家庭成员设定的光照、温度、湿度等要求，根据季节、时间、外部条件，以及房间内人数等信息，进行室内光照、温度、湿度等计算，完成相关设备运行参数调整，满足居家环境要求，节省家庭开销。

(5) 远程计量缴费：家用计算机和移动终端系统可以通过智慧家居系统进行水表、电表、气表等信息的远程读取，并根据交费要求远程完成费用缴纳。

随着越来越多的家庭和企业对物联网和智慧家居的理解和接受，越来越多的新家用电器都具备了物联功能，支持通用的智慧家居和物联网协议，能够自动连接网络，可被远程控制。

3. 智能车辆

智能车辆是一个相对独立的物联网技术应用。传感器系统很早就都集成在车辆上，如速度传感器、温度传感器、胎压传感器、门控传感器等，监测车辆的运行状态，确保车辆的运行安全。无线电通信系统也成为运行车辆的标准配置或强制配置系统。物联网为车辆到车辆、车辆到基础设施平台的通信提供了平台和应用支持。而且，智能交通基础设施也是智慧城市的重要组成部分。除了基本的车辆到车辆或车辆到基础设施平台的应用外，可以在此基础上提供更多的集成服务。例如，事故传感器系统检测到事故后，自动打电话到应急服务部门(医院或派出所)，并将车载摄像头拍摄的视频资料和乘客相关信息发送到应急小组，并提供事故点附近的其他相关数据信息(急诊信息等)。

智能车辆电能供应充足，承载能力强，可以作为物联网中重要的移动终端设备，也可以作为物联网的中继系统。由于车辆行进速度较快，大多数应用都需要在较短时间内完成网络配置。例如，如果车辆行进速度为 100km/h，则其 1s 通过基础设施的无线（WiFi）区域为 100m。这就意味着设备扫描、网络连接、数据下载和数据处理等必须在车辆通过特定区域内完成，并且要以更快的速度对意外情况做出反应，避免事故发生。

4. 医疗保健

医疗保健是备受关注和广泛研究的领域，许多应用也应运而生，如远程医疗系统、可穿戴设备应用等。将传感器安装在衣服、手表、配饰等日常用品上，持续检测血压、心跳、血糖、血氧情况等信息。传感信息通过手机、计算机等智能设备与互联网或健康检测系统相连。健康检测系统通过传感器系统，及时感知发现身体表现出来的异常特征，提醒医生、医院和家庭予以关注，并采取必要的治疗或保健措施。

医疗保健系统不仅可以提醒人们按时服药，还可以根据检测指标数据（血压、血糖等）的分析结果建议增加或减少用药量。物联网还可以允许生病或受伤的人待在家里，而不需要前往医院，通过部署的物联网传感检测系统对他们的身体状况进行实时监控，指导他们的行动和生活，必要时自动通知医生对其进行远程医疗服务。

5. 其他应用

物联网还可以应用到日常生活的很多方面，如植物或土壤缺水状态检测与自动灌溉，人或动物的异常行为检测与预防，运动健身指标（心率、血压等）检测与调控等。只要是提供数据信息的智能设备，都可以连接到物联网，成为物联网应用的一部分。许多应用已经融入人们的日常生活，而不被专门关注和特别提及。许多应用随着技术发展，或者不断更新和增强，或者淡出。当然，也有许多新的应用在不断产生或被发掘。

2.6 小　结

物联网是“人、机、物”深度融合的系统，是环境感知、嵌入式计算、网络通信深度融合的系统，涉及自动感知技术、嵌入式技术、计算机网络技术、移动通信技术、智能数据处理技术、智能控制技术、位置服务技术、信息安全技术等众多技术领域，是各种先进技术的高度综合集成应用。本章简要介绍了物联网技术的基本概念、体系架构、关键技术、应用领域等。无论是消费物联网还是工业物联网，物的标识和识别是物联网的关键,所以本章主要介绍了物联网标识和频谱资源、物联网对象、通信和应用标识体系、RFID 对象标识及编码体系。在物联网众多标识和编码技术中,由 ISO/IEC 和 EPCglobal 主导的基于 EPC 和 RFID 技术的自动标识识别技术是目前物联网技术发展和应用的核心标识识别技术。

第 3 章　RFID 多标签识别技术

3.1　引　　言

RFID 技术是物联网最重要的基础支撑技术之一，主要应用于物联网中各种物品对象的标识、定位、追踪和管理[8]。所以，本章主要介绍 RFID 系统的基本组成、RFID 通信与编码、RFID 系统中碰撞与防碰撞的技术等，并对几种经典 RFID 多标签识别防碰撞算法的识别原理和工作过程进行较为详细的介绍和分析，为后续章节相关内容的阐述和理解、算法的比较和分析等提供必要的基础知识和技术背景。

本章后续内容主要包括如下几个方面：

3.2 节为 RFID 系统组成，主要介绍 RFID 标签和阅读器的基本结构，及工作模式等。

3.3 节为 RFID 通信与编码，主要介绍射频通信频段划分、信号耦合方式、信号调制方式与数字编码方式等。

3.4 节为 RFID 系统碰撞与防碰撞技术，主要介绍 RFID 系统中碰撞和防碰撞的基本概念及处理方法。

3.5 节为 RFID 多标签识别防碰撞算法，主要介绍基于 ALOHA 的防碰撞算法和基于树搜索的几种典型的 RFID 防碰撞算法。

3.2　RFID 系统组成

典型的 RFID 系统一般由三大基本部分构成，包括标签（tag）、阅读器（reader）、RFID 应用系统（applications）[9]。标签，也称为应答器（transponder），一般附着在物体表面或置入其内部，用于标识该物体。阅读器，也称为收发器（transceiver），主要协调控制阅读器与标签之间的通信，在标签和应用系统之间进行数据传送。RFID 应用系统，通常位于计算机系统中，根据实际需要，可以是数据处理系统、中间件系统等。

3.2.1　标签

RFID 标签通常由三个部分构成，即集成芯片、天线、存储器。其中集成芯片和天线是基本部件，而存储器是可选部件，可以根据实际情况配置使用。目前，也已经出现了不带芯片的 RFID 标签，称为无芯标签(chipless tag)。无芯标签可以直接打印到对象产品上，因此，可以大幅降低标签和 RFID 系统的成本。

集成芯片(IC)：由微处理器、存储单元、收发器构成。微处理器负责处理来自阅读器的命令信息，并完成相关操作，如读取存储单元中标签的编号。存储单元主要用于存储标签编号(ID)。标签编号是预先存入标签的一组编码，其编码方式必须遵循相关标准协议，以确保每个标签编号的唯一性。收发器用于接收或发生信号。

天线(antenna)：用于完成标签与阅读器之间的通信，并在一定程度上扩大通信范围。标签的天线一般以线圈形式盘绕在标签内部。根据应用系统和使用环境要求，天线的设计规格和盘绕方式也不同。好的天线设计可以保证标签与阅读器之间的正常通信，减少误读，降低能耗。而差的天线设计可能导致系统通信失败。

存储器(memory)：主要用于存放阅读器发送的数据。这些数据可以是标签所附着物体的信息数据，也可以是控制管理需要而产生的数据，如某些防碰撞算法就需要标签存储临时信息。

RFID 标签通常分为被动标签(passive tag)、主动标签(active tag)、半主动标签(semi-active tag)，也可以根据是否带存储功能分为存储标签和非存储标签；根据读写操作方式分为只读标签和可读写标签；根据供能或电源配置方式分为有源标签、无源标签、半有源标签。不同的标签具有不同的性能特征，其相应的 RFID 系统也有所差异。表 3-1 列举了主动、被动、半主动三种标签及相应 RFID 系统的基本特征。

表 3-1　RFID 标签及其 RFID 系统的特征

项目	被动标签 RFID 系统	半主动标签 RFID 系统	主动标签 RFID 系统
使用标签类型	被动标签，没有电源，通过阅读器发出的辐射供能，采用反向散射方式传送数据	半主动标签，自带电源，但仅能给微芯片供电，采用反向散射方式进行数据传送	主动标签，自带电源，能给自身和通信提供能源，实现主动通信
通信模式	阅读器发起通信	阅读器发起通信	标签发起通信
供能通信方式	感应耦合或反向散射	反向散射	自己产生电磁波发送信号
工作频率	LF、HF、UHF、MW	UHF	UHF、MW
识读范围	0.1～7m	60～80m	超过 100m
标签大小	小、轻←——→大、重		
标签成本	最低←——→最高		
系统成本	最低←——→最高		
系统复杂度	最低←——→最高		

1. 被动标签

被动标签本身没有内置电源，属于无源标签，通常也属于无记忆标签。被动标签的内置天线具有电磁感应能力，能够将阅读器发送的射频（RF）电波转换成电能，以激活并维持标签工作。被动标签不具有配置电源，其操作范围或读写距离受到限制，通常只能在几米范围内实现与阅读器的通信，但因其体积很小，价格也很便宜，而被广泛使用。一般在不指明的情况下，人们所说的标签通常为被动标签。图 3-1 所示是日立公司（Hitachi）的一款射频芯片 μ-Chip，不足一粒米的大小。当然由于大小限制，其阅读范围也很有限，但如果使用外接天线，其阅读距离可以达到 25cm。2011 年，日立公司所展示的全球最小芯片仅有 0.0026mm^2，厚度为仅 7.5μm，可以嵌入一张纸内。

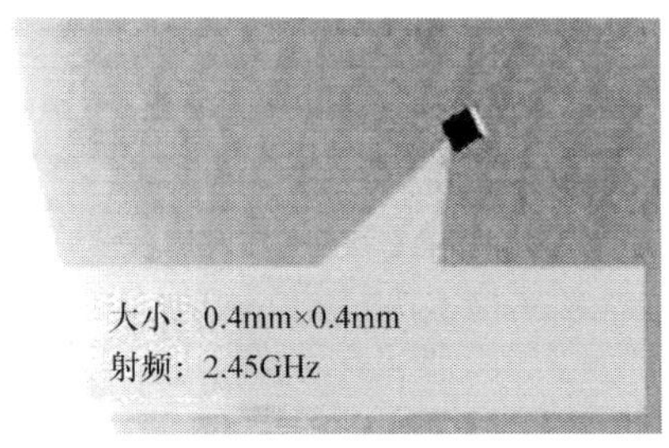

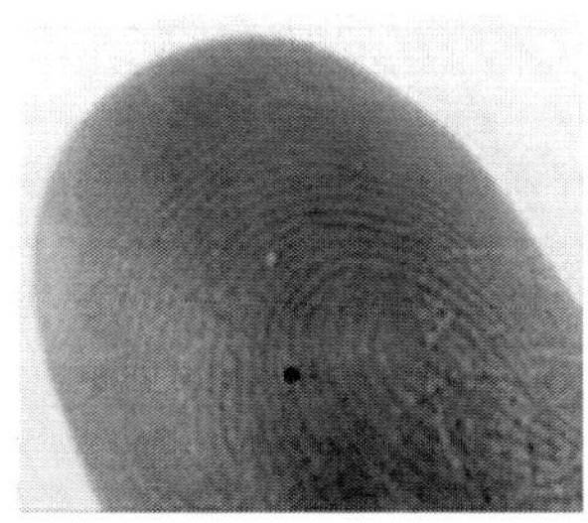

图 3-1　指尖上的射频标签：Hitachi μ-Chip[10]

2. 主动标签

与被动标签不同，主动标签配置了内部电源，通常为电池（battery），能够在一段时间内为标签提供电能，满足标签与阅读器之间的通信，并完成相关操作。

由于主动标签需要周期性地发送射频信号，试探周围环境（阅读器）的情况，其电池的寿命也会受到影响，试探频率越高，电池的寿命越短。由于自带电源，主动标签的信号强度和工作范围都超过了被动标签，可以在较远的距离与阅读器进行通信，而不一定需要处于阅读器信号范围之内。但由于需要内配电源，价格昂贵，体积较大，因而，主动标签的生产和使用正逐渐减少。

3. 半主动标签

半主动标签结合了主动标签和被动标签的工作特点和结构特征，是主动标签和被动标签之间的过渡。主动标签同时具有被动部分和主动部分，因此，也称为半被动标签（semi-passive tag）。当半主动标签进入阅读器的电磁场时，其被动部分感应到磁场变化，产生电能，触发主动部分启动工作，并完成与阅读器之间的信号传送。半主动标签的电池只有受到被动部分触发,才与阅读器进行有效工作期间使用。所以,半主动标签的使用寿命较主动标签长。

另外,EPCglobal 也将 RFID 标签分为六类(Class 0～Class 5),如表 3-2 所示。其中,前四类标签(Class 0、Class 1、Class 2、Class 3)为被动标签,采用反向散射(backscatter)方式与阅读器进行通信;后两类标签(Class 4、Class 5)为主动标签;而第六类标签(Class 5)可以作为标签阅读器,即能作为从其他标签读取数据的主动标签使用。

表 3-2　EPCglobal 六类 RFID 标签基本特征

分类	电源	工作范围	存储容量	读写操作	通信方式	接口配置	成本
Class 0	无	<10m	1～96bit	只读	感应耦合 反向散射	无	低
Class 1	无	<10m	1～96bit	可读 一次写	感应耦合 反向散射	无	低
Class 2	无	<10m	1～96bit	可读写	感应耦合 反向散射	安全接口	一般
Class 3	辅助电池	<100m	<100KB	可读写	反向散射	安全接口 传感器	高
Class 4	辅助电池	<300m	<100KB	可读写	主动通信	安全接口 传感器	高
Class 5	辅助电池 交流,直流	无限制	无限制	可读写	主动通信	安全接口 传感器 其他标签	很高

Class 0 和 Class 1 标签只支持射频被动工作模式。两者的区别在于 Class 0 标签的内部程序(或协议规程)在出厂时就已经写入,使用过程中不允许更改;而 Class 1 标签提供一次写能力,用户可以根据需要,对标签内部程序(或协议规程)做一次修改性写入。Class 2 标签增加了安全加密技术和读写射频存储单元。Class 3 标签增加了辅助电池,能够给计算逻辑单元进行供电,因而,也能提供更远距离和更多带宽的通信,同时增加了传感监测接口。Class 4 标签增加了主动通信功能,能够完成点对点通信。Class 5 标签可以外接交流或直流电源,因而,可以激活其他标签工作,完成阅读器的相关功能。

3.2.2　阅读器

RFID 阅读器主要由两大部分构成,即高频接口和控制系统。阅读器的主要任务包括:发送射频信号,激活被动和半被动标签,使它们启动工作;解调标签发送的射频信号，获取数据信息，并对收到的编码数据做解码处理。

1. 高频接口部分

高频接口(high-frequency interface，HFI)部分，主要完成阅读器的通信功能，负责接收或发送射频信号，完成对收到信号或数据的解调和解码，同时负责激活被动或半被动标签工作。高频接口主要包括发送模块、接收模块、电源模块。

发送模块(transmitter)：通过射频输出口向标签传输能量和时钟周期信号。

接收模块(receiver)：负责接收标签发送的信号，并将该信号传送到控制系统的微处理器单元，以便提取信号中的数据信息。

电源模块(power)：负责整个阅读器各部分的均衡供电。

2. 控制系统部分

控制系统(control group)主要负责阅读器的控制管理、数据处理、外接系统等功能。因此，阅读器的控制系统主要包括微处理器、控制器、通信接口、存储器、输入/输出接口等模块。

微处理器(microprocessor)：主要负责执行阅读器相关协议；根据协议规范的要求解释接收到的命令；根据程序分配存储空间，并执行程序；完成差错处理等。

控制器(controller)：主要负责阅读器与外接系统之间的通信控制，将外部命令序列转换为处理器能理解的二进制代码。控制器可以是软件形式，也可以是硬件形式。

通信接口(communication interface)：在控制器控制下，通过数据端口在阅读器与外部主机系统之间进行数据中转、指令传送或应答响应等。通信接口可以作为控制器的一部分，也可以是独立的功能模块。这取决于系统的集成度和对速度的要求。

存储器(memory)：主要负责存储来自标签的数据，而这些数据会根据命令传送到主机系统或应用系统。

输入/输出接口(I/O channel)：主要留作外部传感器的扩展接口。

3.2.3　工作模式

RFID 系统通常采用主从(master-slave)工作模式，如图 3-2 所示。所有阅读器和标签的活动都源自于执行应用系统的命令。阅读器接收来自应用软件的读/写命令(command)，并与标签进行通信，完成相关命令，并以响应(response)方式返回结果。在一个完整的通信过程中，阅读器处于两种工作模式：与应用软件通信时，阅读器工作在从模式(slave)；与标签通信时，阅读器工作在主模式(master)。在数据读取过程中，阅读器可以将获得的数据直接传送到应用系统，也可以将数据暂存，稍后再上传给应用系统。

在 RFID 系统中，阅读器与标签之间采用射频信号，通过无线信道（wireless channel）或空中接口（air interface）进行通信，当多个标签或阅读器同时在相同信道上传送信号时，信号在无线信道中叠合，形成相互干扰（interfere），就会引发碰撞（collision）。如果没有任何机制或措施来协调阅读器和标签之间的通信过程，那么阅读器就无法正确获得标签的编号（ID），也就无法完成对标签的相关操作。因此，需要有效的防碰撞机制来协调阅读器之间或阅读器与标签之间的通信过程。

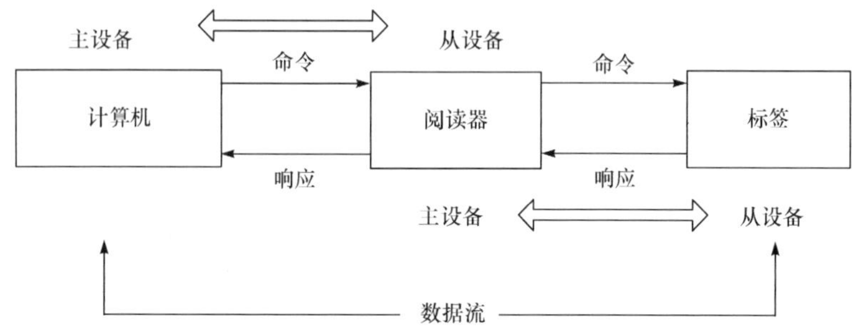

图 3-2　RFID 系统的工作模式

3.3　RFID 通信与编码

在 RFID 系统中，阅读器与标签之间的通信主要由三个基本部分完成：信号处理系统负责信号编码和解码，通信媒介负责信号传输，载波电路系统负责信号调制和解调。编码（code）是将要传输信号表示为适合信道传输的形式。好的编码方式能够在一定程度上减少信号间的相互干扰，提高信道传输效率。调制（modulation）通过改变高频载波信号的振幅、频率、相位等，将要传输的数据信号加载到载波上。解码（decode）和解调（demodulation）则负责将信号从载波中取出，并重构原信息。

3.3.1　工作频段

RFID 系统的主要工作频段包括低频（low frequency，LF）、高频（high frequency，HF）、超高频（ultrahigh frequency，UHF）、微波（microwave，MW）。其中低频和高频主要用于近场通信（near field communication，NFC），而超高频和微波主要用于远场通信（far field communication，FFC）。表 3-3 列举了 RFID 系统工作频段的主要特征。在实际生产应用中，各个国家对各个工作频段的工作使用频点、通信带宽、发送功率等指标，都由相应的无线频谱管理机构统一确定。低频频段通常属于开放频段，2.45GHz 的微波频段属于全球性工业、科学、医疗等研究使用频段，可以公共使用。随着技术的发展和应用需求的变化，相关技术指标也在不断更新。超高频标签系统已逐渐用到近场通信当中。半主动标签在超高频频段的识读范围可以达到 60～80m，而主动标签在超高频或微波频段的识读范围能达到 100m 以上。

表 3-3 RFID 系统工作频段及主要特征

性能指标	低频(LF)	高频(HF)	超高频(UHF)	微波(MW)
工作频率	<135kHz	13.56MHz	433MHz 860～960MHz	2.45GHz 5.8GHz
标准规范	ISO/IEC 18000-2	ISO/IEC 18000-3	ISO/IEC 18000-6	ISO/IEC 18000-4
耦合方式	感应耦合	感应耦合	反向散射	反向散射
通信范围	近场通信	近场通信	远场通信	远场通信
标签类型	被动	被动	主动、被动、半主动	主动、被动
天线组成	线圈(>100 圈) 和电容	线圈(<10 圈) 和电容	偶极子天线	偶极子天线
数据传输率	<10kbit/s	<100kbit/s	<100kbit/s	<200kbit/s
识读范围 (被动标签)	2m	0.1～0.2m	4～7m	1m
人体影响	无影响	衰减	衰减	衰减
金属影响	扰动	扰动	衰减	衰减
成本因素	需要天线较大， 标签成本较高	成本较低， 适合中等距离使用	由于集成技术优势， 超高频标签便宜	系统成本最高
典型应用	畜牧管理、资产 管理、门禁系统、 化学药品管理等	图书管理、电子 票证、生产制造、 公共安全管理等	供应链管理、 仓库管理、行李 管理、零售管理等	远程跟踪、高速 公路收费系统等
识读速度	最低←————→最高			
标签能耗	最低←————→最高			
标签大小 (被动标签)	最大←————→最小			
频带宽度	最小←————→最大			
方向敏感性	很小←————→较大			

3.3.2 耦合方式

RFID 系统通常采用电感耦合(inductive coupling)方式或反向散射耦合(backscatter coupling)方式进行标签与阅读器之间的通信。

1. 电感耦合方式

电感耦合方式通常用于低频和高频频段的近场 RFID 系统中,所以也称为近场耦合(near-field coupling)方式,如图 3-3 所示。在近场系统中,阅读器发出信号的波长通常是阅读器天线与标签之间距离的好几倍。例如,当信号频率为135kHz 时,其波长超过 2km;当信号频率为 13.56MHz 时,其波长超过 20m。因此,阅读器与标签之间的磁场可以看作单一磁场,而标签处于该磁场之中。

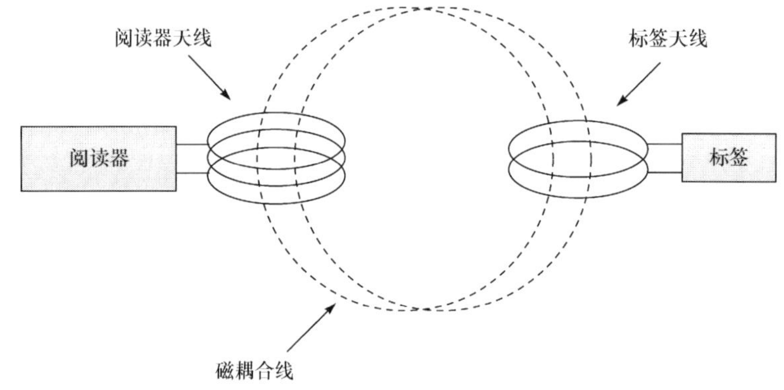

图 3-3 电感耦合(近场耦合)RFID 系统

在近场系统中,阅读器产生随时间变化的交变磁场,磁力线穿过标签线圈,产生感应电流,为标签芯片提供能量,并激活标签启动工作,完成与阅读器之间的通信。阅读器和标签均采用线圈天线,如果频率调谐合适,能够将阅读器发送的能量最大化地传到标签。

标签被激活后,就可以开始阅读器与标签之间的通信。阅读器将根据要传送的数据信息或基带信号,对其电磁波进行调制。相应地,根据标签编号(ID),打开或关闭其上载电阻器,将其编号调制到电磁场中。阅读器感知到电磁波的变化后,对其进行解调,并获得标签的编号。

2. 反向散射耦合方式

反向散射耦合方式通常用在超高频和微波频段的远场 RFID 系统中,所以也称为远场耦合(far-field coupling)方式,如图 3-4 所示。在远场耦合 RFID 系统中,阅读器和标签均采用偶极子天线(dipole antenna)。阅读器通过天线发送连续的电磁波信号，并携带交流电能和时钟同步信号到标签。标签将收到的交流电能转化为直流电能，并为标签芯片提供能量。同时，标签将要传送的数据信息调制到电磁波上，然后将电磁波反向散射回阅读器。阅读器收到反射回来的电磁波，解调获得标签的编号或数据信息。

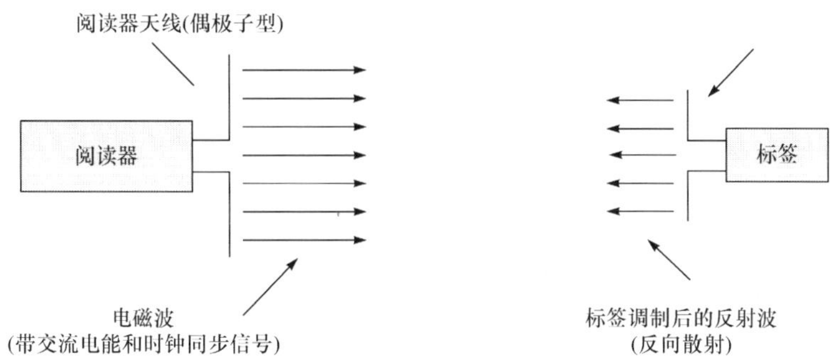

图 3-4　反向散射耦合(远场耦合)RFID 系统

由于阅读器与标签的距离较远，阅读器天线发送的信号向外传播，只有一部分能被标签天线接收。这是因为电磁波在空间传播过程中会随传输距离而发生衰减。通常传输距离增加一倍，其所携带的能量就减少四分之一。而且，当遇到体积大小与电磁波波长相差不多的物体时，信号会受到很大的阻尼，甚至会被抵消掉。

3.3.3　信号调制

信号调制过程就是改变载波信号的特征，使其能够携带需要在媒介中传输数据的信息。没有被调制或改变过的电磁波就称为载波(carrier wave)。数字通信系统中，二进制信号“1”和“0”的调制方式，主要包括幅移键控(amplitude-shift keying，ASK)、频移键控(frequency-shift keying，FSK)和相移键控(phase-shift keying，PSK)。三种调制方式的基本原理如图 3-5 所示。

ASK 方式，采用振幅的两种逻辑状态“高”和“低”，通常采用“非零”和“零”分别表示二进制的逻辑“1”和“0”。ASK 方式能够提供较高的数据传输率，但是抗干扰性较差。

FSK 方式，采用两种不同频率的载波，分别表示二进制的逻辑“1”和“0”，载波本身的频率取这两种载波频率的平均值。FSK 方式具有较强的抗干扰能力，但是数据传输率较低。

PSK 方式，通过载波相位的改变，来调制要传送的数据。当传送数据从“0”变为“1”，或从“1”变为“0”时，载波相位发生改变，以此来表示或区分二进制“0”和“1”。PSK 的性能介于 ASK 和 FSK 之间，具有相对 ASK 较好的抗干扰能力，数据传输率也比 FSK 要高。

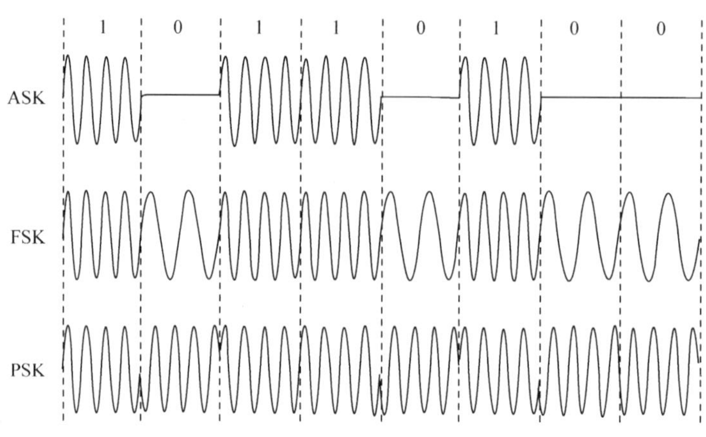

图 3-5 二进制数字信号调制的基本方式

3.3.4 数字编码

数字编码是指二进制数字“1”和“0”在阅读器和标签之间传送时,所采用的表示方式。不同的编码性能不一样,其编码效率、抗干扰性、差错处理能力、数据可靠性等存在一定的差异。图 3-6 给出了 RFID 系统常用的几种数字编码方式。

1. 不归零制编码

不归零制编码(non-return-to-zero coding)的方法很简单,逻辑“1”和“0”分别用两种不同的电平信号来表示。例如,逻辑“1”用高电平表示,逻辑“0”用低电平表示。不归零制编码方式主要用在 FSK 和 PSK 调制方式中。

2. 曼彻斯特编码

曼彻斯特编码(Manchester coding),也称为相位编码(phase encoding),是一种自同步(self-clocking)编码方式,不需要传送附加信号进行时钟同步。在曼彻斯特编码中,每一位二进制“1”和“0”都由一次发生在时钟周期中间的电平转换来表示,例如,用从高电平向低电平转换的负向转变表示逻辑“1”,用从低电平向高电平转换的正向转变表示逻辑“0”。

3. 单极归零制编码

单极归零制编码(unipolar RZ coding)中,时钟周期的前半周期为高电平时表示逻辑“1”,后半周期归零,而整个时钟周期持续为低电平则表示逻辑“0”。

4. 差动双相编码

差动双相编码(differential bi-phase coding)中,时钟周期中间不发生电平转

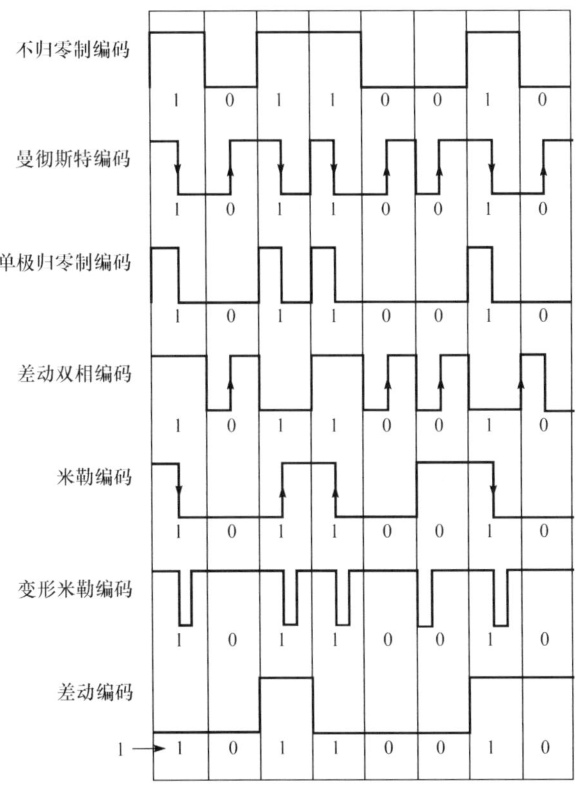

图 3-6　RFID 系统常用的几种编码方式

换表示逻辑“1”，时钟周期中间发生一次电平转换表示逻辑“0”。同时，在每一位编码的起始位置需要进行一次电平转换，以方便接收方对信号进行重构。

5. 米勒编码

米勒编码(Miller coding)中，逻辑“1”由时钟周期中间的一次电平转换来表示。逻辑“0”由其前面逻辑“1”的电平状态来表示，中间不发生转换。但是当出现连续两个或多个“0”时，需要在后续每个“0”的时钟周期的起始进行一次电平转换，以方便接收方信号重构。

6. 变形米勒编码

变形米勒编码(modified Miller coding)与米勒编码的唯一区别在于米勒编码中的每一次电平转换在变形米勒编码中变成了一个小的负向脉冲。变形米勒编码特别适合用在电磁感应耦合 RFID 系统之中，对从阅读器传向标签的数据进行编码。这种持续很短时间的脉冲信号能够确保标签从阅读器的射频场中获得连续的能量供应。

7. *差动编码*

在差动编码(differential coding)中，每遇到二进制“1”，逻辑电平就翻转一次，而遇到“0”时，电平不翻转。

3.4　RFID 系统碰撞与防碰撞技术

在 RFID 系统中，由于阅读器和标签通过无线信道进行通信，当多个阅读器或多个标签同时向相同信道发送信号时，信号在无线信道中相互干扰，就会发生碰撞，致使系统通信失败。因此，就需要建立有效的防碰撞机制来协调阅读器之间或阅读器与标签之间的通信过程。这种防碰撞机制称为防碰撞算法，也称为防碰撞协议。

RFID 系统中，碰撞通常分为两类：标签碰撞和阅读器碰撞(reader collision)，其中阅读器碰撞又可分为阅读器-标签碰撞(reader-to-tag collision)和阅读器-阅读器碰撞(reader-to-reader collision)[11,12]，如图 3-7 所示。

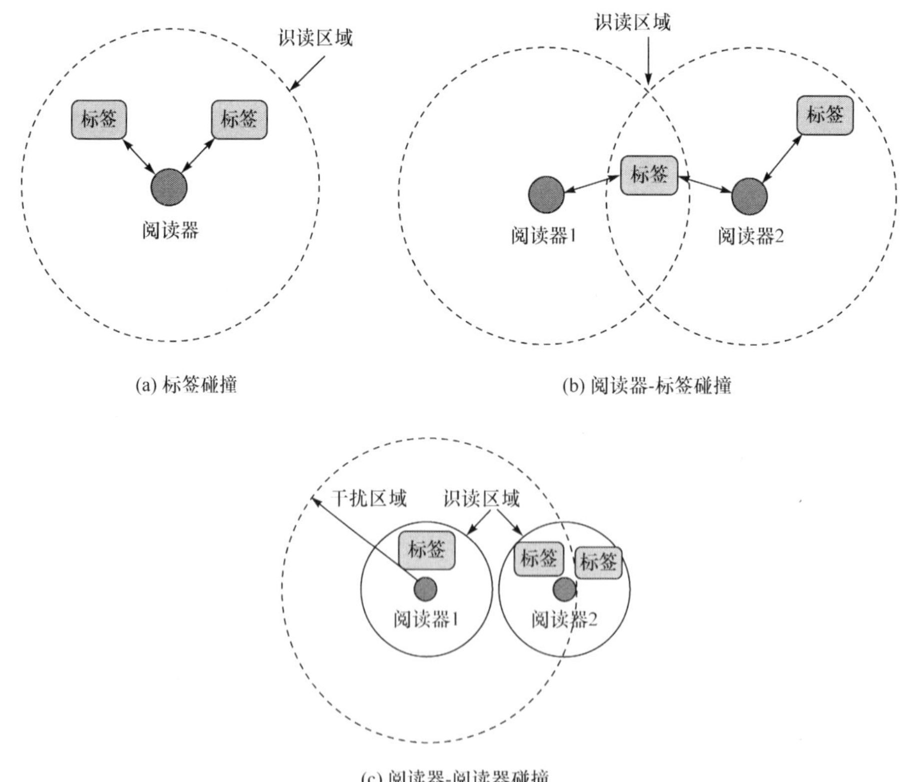

图 3-7　RFID 系统中碰撞的基本形式

3.4.1 标签碰撞

标签碰撞，也称为标签-标签碰撞(tag-to-tag collision)，通常发生在两个或多个标签同时与阅读器进行通信时，如图 3-7(a)所示。两个标签同时处于阅读器的识读区域(read range)，如果它们同时响应阅读器的质询，则其所发出的信号在无线信道中相互干扰，阅读器无法正确收到标签信号，就会致使通信失败。由于标签的大量使用，许多场合都需要阅读器对多个标签进行同时识别，因此标签碰撞成为RFID 系统中经常发生和研究最多的碰撞方式。本书也主要进行 RFID 系统碰撞及其防碰撞算法的研究。

3.4.2 阅读器碰撞

RFID 系统中，当标签同时位于两个或多个阅读器的识读区域，而且有至少两个或两个以上的阅读器试图与该标签进行通信时，就会发生阅读器-标签碰撞，如图 3-7(b)所示。在这种情况下，每个阅读器都认为它是唯一与标签进行通信的阅读器，但是标签却同时面临多个阅读器的请求。标签无法进行合理的选择，因而无法完成与阅读器的通信。进而，阅读器也无法完成与其他标签的通信。

RFID 系统中，如果一个阅读器发射的信号足够强，到达了其他阅读器的识读区域，并且掩盖或阻碍了这些阅读器识读区域内标签发送的信号，致使它们的识别或通信失败，这就形成了阅读器-阅读器碰撞，如图 3-7(c)所示。所以，阅读器的识读区域没有发生重叠时，也可能发生碰撞。同时，将可能发生这种干扰的阅读器的信号传送范围称为干扰区域(interference range)。

3.4.3 防碰撞技术基础

RFID 防碰撞问题主要是解决多个阅读器之间或阅读器与多个标签之间的同时通信问题，其本质上属于多接入(multi-access)问题。随着射频技术的应用，特别是卫星通信和移动通信系统的应用，多接入系统常用的复用技术，已经被人们熟知。根据复用的目标对象不同，多路复用技术可分为空分复用技术、频分复用技术、时分复用技术和码分复用技术。从理论上讲，这四种复用技术在 RFID 系统中均可以采用或借鉴。但是，考虑到 RFID 系统自身特点，以及成本、功能、应用等方面的要求，RFID 防碰撞算法主要采用时分复用技术相关技术、思想和方法[9]。因此，基于时分复用技术的 RFID 防碰撞算法是目前研究的重点内容之一。

1. 空分复用技术

空分复用(space division multiple access，SDMA)技术，将通信资源从空间角度进行分离，形成不同的可用资源分量，这些资源分量能够同时被不同的对象设备

(如标签)分别使用。例如,阅读器配置多个定向天线(directional antenna)或相控阵天线(phased array antenna),使其能够与特定方向上的标签进行通信,而不同方向上的标签可以同时与阅读器分别进行通信。SDMA 技术需要复杂的天线及控制系统,实现和应用成本较高,限制了其在许多 RFID 系统中的应用。

2. 频分复用技术

频分复用(frequency division multiple access,FDMA)技术,将给定的射频带宽(bandwidth)划分成许多小的频带(frequency band),每一个频带分配一个独立的载波频率。多个标签就可以通过不同的频带,采用不同的载波频率与阅读器分别通信。由于多个标签采用不同的传输频带与阅读器进行通信,因此,阅读器也需要多个相应频带的接收器或具有多频带接收功能的接收器,以完成与这些标签之间的通信。所以,阅读器的成本很高,处理过程复杂。而且,FDMA 技术要求标签工作在不同的频带,这使标签的生产和使用都很困难,也限制了其在 RFID 系统中的应用。

3. 时分复用技术

时分复用(time division multiple access,TDMA)技术,将可用的信道容量按照时间序列划分成很多相互独立的时间片,称之为时隙(slot)。在每个时隙中,标签可以使用整个无线信道与阅读器完成相互之间的通信。TDMA 技术能够允许一定数量的标签通过射频信道与阅读器进行通信,而不发生相互干扰。因此,TDMA 技术是 RFID 系统中使用最多的通信控制方法。

4. 码分复用技术

码分复用(code division multiple access,CDMA)技术是扩展频谱(spread spectrum)通信的一种形式。它能将相对较窄的信号频带扩展到更宽的频带上。在 CDMA 技术中,每个比特时间被细分成若干个更小的时间间隔,称之为码片(chip),并根据码片数量生成一定量的码片序列(chip sequence),而不同的码片序列采用不同的编码方式进行通信,且相互不会发生干扰。CDMA 技术已经在移动通信领域得到了广泛的应用,由于其机制实现较为复杂,对相关设备配置和性能要求较高,目前在 RFID 系统中暂时还没有得到应用。但由于自身的优势,CDMA 技术正逐渐被 RFID 相关研究所关注。

阅读器防碰撞算法主要是解决通信信道或通信频率的分配,协调阅读器之间的通信过程,以减少或避免碰撞的发生。由于阅读器属于有源智能设备,具有较强的存储、计算和处理能力,能源供应较为充足。因此,阅读器防碰撞算法可以采用较为复杂的处理方法。目前,用于解决 RFID 阅读器碰撞的方法主要有色波

(color wave)算法、分级Q因子学习算法(HiQ)、心跳(pulse)算法,以及它们的改进算法。

此外,人工智能领域的一些方法也被提出来,用于解决RFID阅读器碰撞的问题,如神经网络(neural network)算法、模拟退火算法(simulated annealing algorithm)、遗传算法(genetic algorithm)、粒子群优化(particle swarm optimization)算法。由于人工智能方法一般用于解决较为复杂的工程计算、智能推理、性能优化等问题,算法自身较为复杂;而RFID系统属于物联网的前端感知系统,阅读器和标签的性能和智能化程度处于相对较低的水平。因此,人工智能方法目前在RFID系统防碰撞应用中受到一定的限制。

本书主要针对RFID系统中的标签碰撞问题,研究和提出高效的防碰撞算法,解决RFID多标签识别问题。3.5节主要对RFID系统中几种经典的主流防碰撞算法进行简要的介绍,以方便后续章节的分析、比较和理解。

3.5 RFID多标签识别防碰撞算法

标签碰撞是RFID系统中发生最频繁的碰撞方式,也是备受关注和研究最多的碰撞问题。解决RFID标签碰撞问题的实质就是多标签识别问题。多标签识别防碰撞算法主要采用TDMA相关技术和思想方法。目前提出的多标签识别防碰撞算法可以分为基于ALOHA算法的时隙类防碰撞算法和基于树搜索的树型防碰撞算法两大类。

3.5.1 ALOHA算法

ALOHA算法于20世纪70年代在夏威夷大学提出,最先用于解决无线数据传输中的多接入访问控制(multiple access control)过程,后来被应用到RFID系统中,用于解决标签与阅读器之间进行通信时的碰撞问题。ALOHA算法是RFID多标签识别算法中最简单并被广泛使用的一类算法。

1. 纯ALOHA算法

ALOHA算法中最基本的是纯ALOHA(PA)算法,也称为简单ALOHA算法(simple ALOHA algorithm)[9]。在PA算法中,标签一旦准备好数据包,就立即开始向阅读器发送。一旦发生碰撞,标签就停止数据传送,并随机等待某个时间,再继续重新发送数据包。PA算法几乎只用于只读标签。因为只读标签通常只需要向阅读器传送很少量的数据,如标签编号(ID),所以阅读器与标签之间的数据传输的时间很短,数据传输的间隔很长,发生碰撞的概率较小。但是,当标签数量增加时,由于标签可以在任何时刻传送数据,碰撞概率就会变得很高。

由于 PA 算法没有同步控制,标签发送数据的时刻是完全任意的,如果一个标签发送数据时,已经有其他标签正在传送数据,它们所发送的数据在空中媒介中发生重叠,就会发生碰撞。所以,PA 算法中除了存在完全碰撞(complete collision)外,还存在部分碰撞(partial collision)的现象,如图 3-8 所示。因此,当标签数量增加时,PA 算法的无规则传送机制,会引发更多的碰撞,特别是部分碰撞可能造成碰撞的连锁反应,严重影响系统性能。

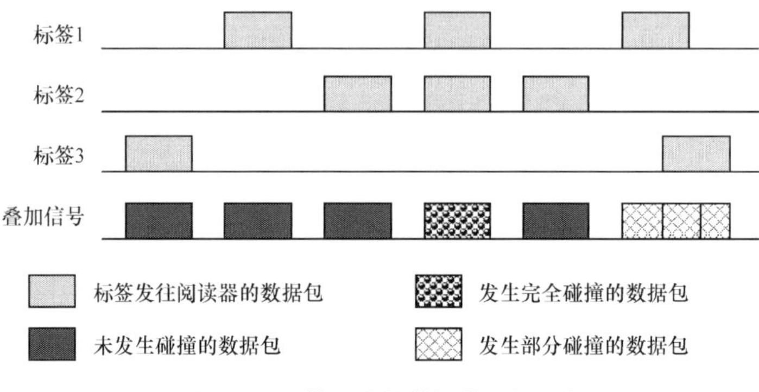

图 3-8 PA 算法中的数据传送与碰撞

2. 时隙 ALOHA 算法

为了消除 PA 算法中存在的部分碰撞,减少碰撞发生的概率,在 PA 算法的基础上,提出了时隙 ALOHA(S-ALOHA)算法[9]。在 S-ALOHA 算法中,信道使用时间被划分为若干等大小的时隙,每个时隙的大小等于阅读器与标签之间完成一次数据交互的时间。标签只能在时隙开始的时刻发送数据,如图 3-9 所示。这样,S-ALOHA 算法就完全避免了 PA 算法中存在的部分碰撞。同时,在 S-ALOHA 算法中,建立了由阅读器控制的同步机制,因此,S-ALOHA 算法属于阅读器驱动(reader-driven)的防碰撞算法。

在 ALOHA 算法中,平均负载(average offered load)是指在一段时间 T 中,单位时间 t 内平均发送数据包的数量。平均负载 G 可表示为

$$G=\sum_{i=1}^{n}\left(\frac{t_i}{T}\cdot r_i\right) \tag{3-1}$$

其中,n 表示标签的数量;r_i 表示标签 i 在 t_i 内发送的数据包数。

吞吐率(throughput)是指单位时间内成功传送的数据包的数量。在 S-ALOHA 算法中,吞吐率也可以用成功识别标签的时隙数与总共开销的时隙数之比来计算。如果在传送过程中没有发生碰撞,则吞吐率为 1,根据平均负载,PA 算法的平均吞吐率为

$$S_{PA}=G\cdot e^{-2G} \tag{3-2}$$

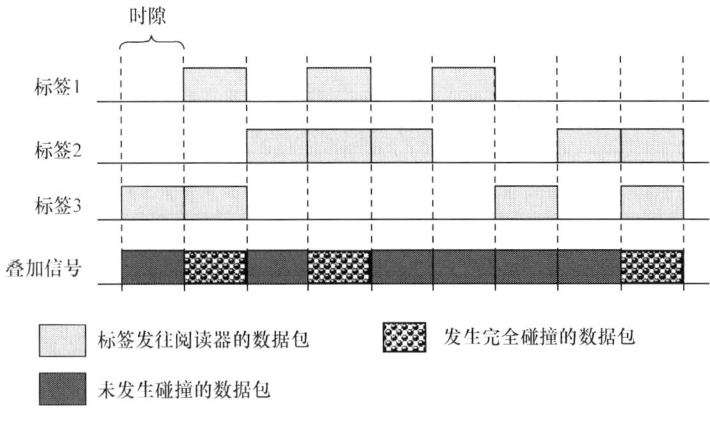

图 3-9　S-ALOHA 算法中的数据传送与碰撞

由于在 S-ALOHA 算法中，碰撞发生的概率最多只有 PA 算法的一半，假设数据包的大小相同，则 S-ALOHA 算法的平均吞吐率为

$$S_{SA}=G\cdot e^{-G} \tag{3-3}$$

图 3-10 给出了 PA 算法和 S-ALOHA 算法的吞吐率曲线。由图中可以看出，当平均负载 $G=0.5$ 时，PA 算法获得其最大吞吐率为 18.4%；当平均负载较小时，传输信道多数时候处于空闲状态，系统吞吐率较低；当平均负载增加时，发生碰撞的概率迅速增加，系统吞吐率也随之下降。

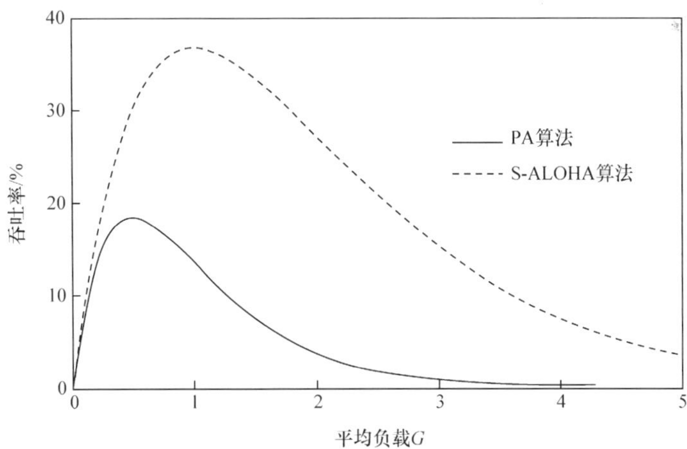

图 3-10　PA 算法与 S-ALOHA 算法的吞吐率[9]

当平均负载 $G=1$ 时，S-ALOHA 算法获得其最大吞吐率为 36.8%。与 PA 算法相似的是，当平均负载减小或增加时，S-ALOHA 算法的吞吐率也迅速下降。当负载增加到超过一定限度时，两种算法的吞吐率都趋向于零，即信道始终处于碰

撞状态,没有任何数据包能够成功传送。

3. FSA 算法

在 S-ALOHA 算法的基础上,又提出了两种重要的防碰撞算法,即帧时隙 ALOHA(FSA)算法和动态帧时隙 ALOHA(DFSA)算法[13,14]。

在 FSA 算法中,时间仍然被分为若干长度相等的时隙。在一个时隙中,标签能够根据阅读器的命令,将其编号(ID)或存储在其上的数据包发送给阅读器。若干个时隙又构成一个帧。帧(frame)是指阅读器两次请求(request)操作之间的时间间隔。每一帧中所含有的时隙数量称为帧大小(frame size)。通常帧的大小为 2 的整数次幂,且在识别过程中保持不变。每个标签都有一个本地同步时钟,用于跟踪系统时隙号。

在 FSA 算法中,阅读器以帧大小为参数发出请求(request)命令,并从 0 号时隙开始,逐个时隙对标签进行识别。标签收到阅读器的命令,随机生成一个不超过帧大小的随机数,作为自己发送数据的时隙号。当标签的本地时钟跟踪到的系统时隙号与其生成的时隙号相等时,标签将自己的编号发送给阅读器。如果在一个时隙中,只有一个标签响应了阅读器的请求命令,阅读器能接收到正确的标签编号,并完成对该标签的识别;否则,该时隙发生碰撞,无法完成对其中任何标签的识别。没有被成功识别的标签,需要在阅读器的后续请求中,重新进行识别。

FSA 算法将若干个时隙归为一个帧,标签通过生成的随机数,任意选择帧中的一个时隙进行数据传送,其识别效率(成功识别到标签的时隙数与总时隙数之比)与 S-ALOHA 算法是一致的。同时,当帧的大小与待识别标签数量几乎相等时,即平均负载 $G=1$ 时,两种算法的性能都达到最好。在 FSA 算法中,帧的大小是固定的,当时隙数大于待识别标签数量时,会出现更多空时隙被浪费,当时隙数小于待识别标签数量时,时隙中发生碰撞的概率增加。因此,FSA 算法适合应用于标签数目变化不大且数量不太多的场合。

4. DFSA 算法

与 FSA 算法不同,在 DFSA 算法中,阅读器可以灵活调整帧的大小,以适应标签数量的变化。如果在一帧当中,阅读器没有成功识别到标签,则意味着发生了碰撞,阅读器就增加帧的大小,直到识别到标签。相反,如果没有检测到碰撞,或成功识别到标签,阅读器则减少帧的大小。这样使得帧的大小与待识别标签数量接近相等。当帧的大小与待识别标签数量相等时,DFSA 算法的识别效率最高,可以达到 36.8%,与 S-ALOHA 算法、FSA 算法在平均负载为 1 时的效率一样。

因此,在标签识别过程中,阅读器需要动态获知待识别标签数量。许多文献提出了一些估值方法,根据标签识别的历史和信道的碰撞状态,估计当前阅读器识别域中，可能存在的待识别标签数量，并以此动态调整帧的大小，使其接近或等于待识别标签数量，进而使算法的识别性能达到或接近最佳值。不同的估值算法就形成了不同的 DFSA 算法，如 Q 算法[15]。在 Q 算法中，阅读器以时隙计数器 Q 为参数，广播查询(query)命令，帧的大小为 2^Q。在多标签识别过程中，当遇到碰撞或空时隙时，阅读器就根据常数 c 动态增加或减少 Q 值，通常 $0.1 \leqslant c \leqslant 0.5$。$Q$ 值的最终结果用于调整下一帧的大小。

由于在 S-ALOHA 算法和 FSA 算法中，标签通过随机生成时隙号选择时隙进行数据传送，可能存在标签选择的时隙号始终与其他标签的时隙号相冲突的情况，使得标签一直不能被识别，即存在标签饥饿(tags starvation)现象。特别是当标签数量增加时，算法的性能会急剧下降，甚至无法完成对任何标签的识别。DFSA 算法通过动态调整帧的大小，使帧的大小最终接近或超过待识别标签数量，以保证每个标签都能被成功识别，解决了标签饥饿现象，但是随着标签数量的增加，帧的大小会变得很大，系统(特别是标签)的开销也会显著增加。

3.5.2　查询树算法

查询树(QT)算法[16]，由一系列查询(query)和响应(response)构成的周期(cycle)组成。在每一个周期中，阅读器选取一个由二进制数“0”和“1”构成的字符串为参数，即搜索前缀(prefix)，发送查询命令，对其识别域中的待识别标签进行询问。收到该命令的标签，将收到的前缀与其自身的编号进行比较。如果两者相匹配，则标签发送自己的编号，响应阅读器的查询。否则，标签不做任何反应。

如果只有一个标签发出了响应，阅读器就能正确收到标签发出的信息，完成对该标签的识别。如果有两个或两个以上的标签同时响应阅读器的查询，它们发送的数据信号在无线信道中相互干扰，就会发生碰撞。阅读器检测到碰撞，就将搜索前缀扩大一位，即在搜索前缀的后面分别附加上“0”或“1”，形成两个新的前缀。如果没有标签响应，阅读器不做任何操作。阅读器不断重复此过程，直到完成所有标签识别。

图 3-11(a)给出了 QT 算法的一个实例，即采用 QT 算法识别标签{10100，10110，11001，11011}的基本过程。图 3-11(b)是该实例相对应的查询树结构。对于一个给定的执行过程，查询树的节点与算法的查询过程是一一对应的。因此，查询树中的节点数与阅读器发出的查询命令的数量相等。经过 13 个周期(或 13 次查询)，其中包括 3 个空周期，QT 算法完成对这 4 个标签的识别。图中深色的节点为正确识别到标签的可读节点。

在 QT 算法中，标签的响应只与当前的查询有关，不依赖以往阅读器的查询历史，标签不需要存储先前的查询和响应状态等信息。因此 QT 算法称为无记忆

(memoryless)算法，也是首个无记忆防碰撞算法。同时，QT 算法也是查询树系列算法的基础算法和代表算法，为后续相关防碰撞算法的研究奠定了基础。

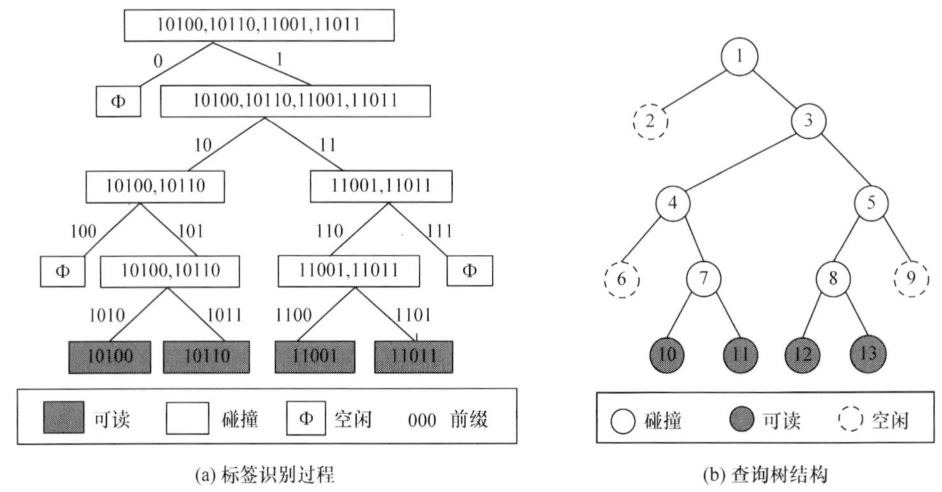

图 3-11 QT 算法的多标签识别过程

3.5.3 二进制树算法

二进制树(BT)算法[10]，通过随机生成的二进制数将碰撞标签进行多次分组，直到分组中只有一个标签。在 BT 算法中，每个标签设置一个计数器(counter)，初始时所有计数器值均为 0。收到阅读器的请求命令(request)后，计数器值为 0 的标签，发送自己的编号作为响应。因此，在第一个识别周期中，阅读范围内的所有标签形成一个集合，同时发送各自的编号。在随后的识别当中，标签将根据自己计数器的值决定响应或者不响应阅读器的请求命令。

阅读器收到标签响应后，如果发生碰撞，则向所有标签广播信道碰撞的信息，并引发标签更新它们计数器的值。计数器值为 0 的标签(即引发本次碰撞的标签)，随机选择一个二进制数 0 或 1，并将其加到自己的计数器中。这样，发生碰撞的标签就因计数器值不同被分为两个组。计数器值不为 0 的标签(即与本次碰撞无关的标签)，将其计数器的值增加 1。

如果没有发生碰撞，阅读器就向所有标签广播信道无碰撞的信息。所有收到该信息的标签将其计数器的值减少 1。在 BT 算法中，信道没有发生碰撞可能有两种情况：一种情况是只有一个标签响应了阅读器的请求，则阅读器正确识别到该标签；另一种情况是没有标签响应阅读器的请求，即信道空闲，即形成了空周期(idle cycle)。

图 3-12 给出了 BT 算法的一个实例，即采用 BT 算法识别标签{10100，10110，

11001,11011}的基本过程。图3-12(a)中的虚线框节点代表等待状态的标签集合，集合中的标签只根据信道状态调整其计数器的值，而不响应阅读器的情况。图3-12(b)中将标签的等待状态合并到其响应阅读器的状态节点中，其中，深色圆圈节点表示识别到标签。经过9个周期(或9次请求)，其中包括1个空周期，BT算法完成对这4个标签的识别。

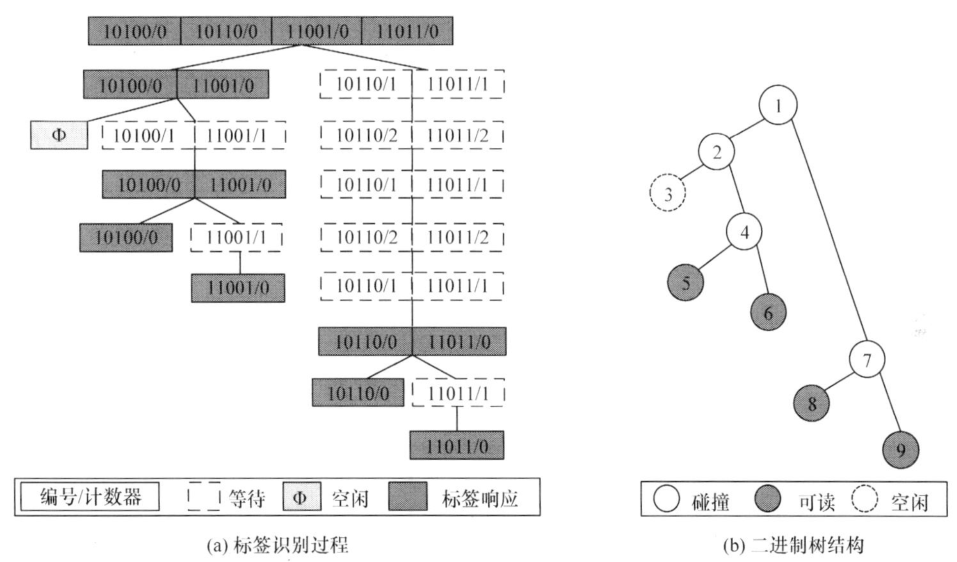

图3-12　BT算法的多标签识别过程

由于BT算法采用随机生成的计数值来进行碰撞标签的分组，所以其识别过程中可能出现的空周期数是不确定的，也就是对同一个标签组的多次识别，BT算法花费的查询周期数可能不同。而且，BT算法要求标签具有计数器计数功能，响应与识别的历史过程有关，因此需要标签具有存储和计算功能，属于有记忆(memory)防碰撞算法。

3.5.4　二进制搜索算法

二进制搜索(BS)算法[8,17]，通过对标签编号进行按位搜索，来完成对标签的逐个识别。阅读器以二进制序号(serial number)为参数向标签发送请求命令。序号长度与标签编号长度一致，且其初始值由可能的最大标签编号构成。收到命令的标签将序号与自己的编号进行比较。编号小于或等于该序号的标签，将自己的编号以曼彻斯特编码方式发送给阅读器。阅读器对标签的响应进行逐位识别。如果发生碰撞，阅读器根据碰撞位减小序号，然后继续搜索。如果没有发生碰撞，则阅读器成功识别到一个标签，并以初始序号为参数，重新开始搜索，直到完成全部标签识别。

图3-13给出了采用BS算法识别标签{10100,10110,11001,11011}的基本过程。由于采用5位标签编号,初始序号为“11111”,4个标签的编号均小于初始序号,所以全部标签响应。标签编号在空中媒介中发生干扰,阅读器收到“1xxxx”,“x”表示该位发生碰撞。阅读器根据碰撞位置,减小序号为“10111”,继续搜索。在周期3中,只有一个标签响应,阅读器收到响应中没有碰撞,完成对该标签的识别。随后以初始序号“11111”重新开始搜索。如此,直到完成全部标签的识别。如图3-13所示,BS算法经过8个周期,完成对这4个标签的识别。

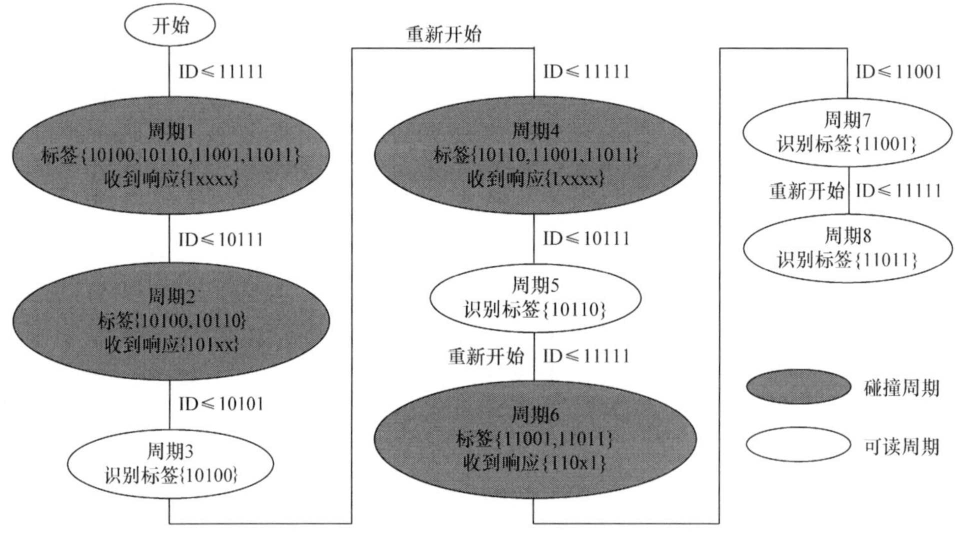

图3-13　BS算法的多标签识别过程

在BS算法中,阅读器和标签均使用标签编号长度的二进制串作为命令或响应的参数。但是,阅读器传送的序号的后面部分,在标签编号对比中不需要用到,同时,标签响应所发送的与搜索序号相同的部分,阅读器也已经知道,这两部分在整个标签识别过程中属于冗余传送部分。因此,对BS算法进行改进,提出了动态二进制搜索(DBS)算法。在DBS算法中,阅读器和标签省去了冗余部分的传送,只发送对方需要的数据信息,而识别搜索的其他过程与BS算法一致。所以,DBS算法的识别效率与BS算法一致。但是,DBS算法减少了多标签识别过程中阅读器和标签的信息传输量,能够降低系统的能耗,提高系统整体性能。

3.5.5　增强型防碰撞算法

增强型防碰撞算法(new enhanced anti-collision algorithm, NEAA)[18],主要基于RFID标签编号及识别过程中存在的如下事实。

【事实 3-1】对于一组标签编号序列(或部分序列),如果每一个编号中“1”或“0”的个数为 1,例如,三个标签 001、010、100,每个编号中只有一个 1。阅读器进行查询时,它们同时进行响应,并采用曼彻斯特编码进行编号(ID)传送,则阅读器收到响应为“xxx”,其中“x”表示该位发生碰撞,则阅读器可以判定这三个标签的编号分别为 001、010、100,并完成对这三个标签的同时识别。

基于上述事实和识别规则,NEAA 首先根据标签编号长度,以及其中可能存在的“1”或“0”的个数,建立标签分组,并根据待识别标签的编号中“1”或“0”的个数,将待识别标签划归到不同分组,然后对各分组进行识别。NEAA 在各分组标签的识别过程中,采用类似的方法,不断分裂碰撞标签组,直到完成标签的识别。在对标签进行分组识别中,NEAA 检测标签组中标签编号是否满足上述事实,如果满足,则根据识别规则,完成该分组中多个标签的同时识别。当然,如果分组中没有发生碰撞,则成功识别到一个标签。

图 3-14(a)给出了 NEAA 的一个实例,即采用 QT 算法识别标签{10100,10110,11001,11011}的基本过程,图 3-14(b)是该实例对应的树型结构。在(0,5)分组、(1,4)分组、(5,0)分组中没有标签,因此在识别过程中形成了三个空周期和空节点。(3,2)分组中有两个标签,但不满足同时识别的条件,也经过了两次独立的查询,才完成识别。本例中,没有出现多个标签可以被同时识别的分组情况。所以,不计初始节点,一共经历 8 次查询,NEAA 完成这四个标签的识别。

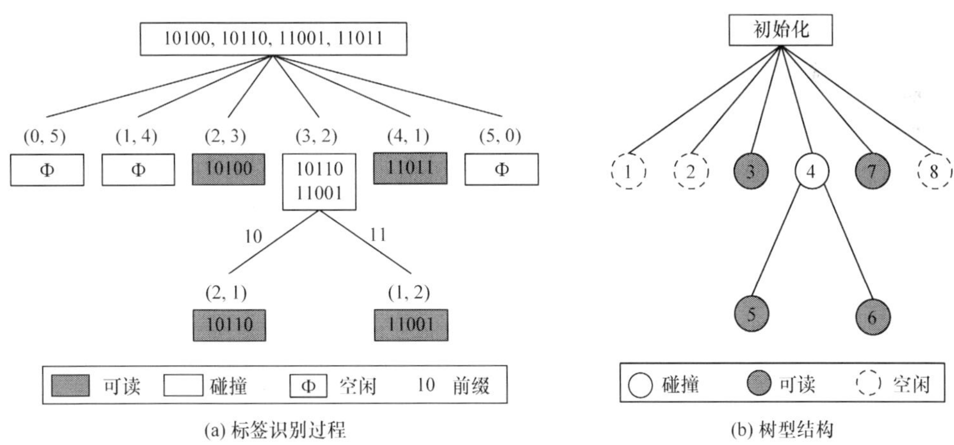

图 3-14　NEAA 的多标签识别过程

NEAA 根据标签编号中“1”或“0”的个数建立分组,受系统采用标签编号长度和标签编号分布情况影响较大。同时,当标签数量较少,特别是标签编号较长时,NEAA 所基于的事实及识别规则很少能发挥作用,因为标签在还未被分裂到只有一个“1”或“0”的分组时,就已经被成功识别。而且,NEAA 对阅读器和标签设备要求较高,需要标签记录历史识别过程,属于记忆型防碰撞算法。

3.6 小　结

本章主要介绍了RFID系统中碰撞的基本概念,对多标签识别防碰撞算法进行了分析和说明。同时,对RFID系统的组成和通信基础做了简单介绍。RFID多标签识别防碰撞算法主要分为基于ALOHA的时隙类算法和基于树搜索的树型防碰撞算法。ALOHA类算法较为简单,但识别性能较低。PA算法的最佳识别效率只有18.4%,S-ALOHA算法、FSA算法、DFSA算法的识别效率可以达到36.8%,而且,随着标签数量的增加,ALOHA类算法的性能会急剧降低。

另外,PA算法、S-ALOHA算法和FSA算法,还存在标签饥饿现象。DFSA算法避免了标签饥饿现象,但需要动态估计待识别标签数量,算法较为复杂,计算量较大。基于树搜索的树型防碰撞算法避免了标签饥饿现象,能保证标签的完全识别,但其识别延迟时间较长。

总体来说,这些防碰撞算法在一定程度上能够解决RFID多标签识别的标签碰撞问题,但性能指标还处于较低水平,不能满足生产实际和应用发展的需要。但是这些算法提供了很多值得借鉴的方法和思想,为后续防碰撞算法研究奠定了基础。

第 4 章　基于碰撞树的 RFID 多标签识别技术

4.1 引　　言

RFID 技术通过无线射频方式对附着 RFID 标签的目标对象进行标识识别，并帮助计算机系统完成数据采集和对象追踪管理的自动识别技术。当多个标签同时响应阅读器查询时，就会引发信号冲突，即标签碰撞。因此，需要采用 RFID 多标签识别技术，即防碰撞算法，协调 RFID 标签与阅读器之间的工作，以完成 RFID 标签的完全识别。常用的防碰撞算法主要包括 S-ALOHA 算法、FSA 算法、QT 算法、BT 算法、BS 算法，以及 NEAA 等。许多经典防碰撞算法因为其实现简单，能够有效解决标签碰撞问题，已经在国际标准协议中得到了广泛应用，如表 1-1 所示。

经典防碰撞算法在一定程度上能够解决 RFID 多标签识别的碰撞问题，但是其识别效率较低，通常它们的最佳识别效率低于 36.8%，不能满足 RFID 多标签识别应用系统发展的需要。而制约这些防碰撞算法性能的关键因素是多标签识别过程中的空周期或空时隙。在空周期中没有任何标签响应阅读器的请求，造成系统延时和信道空耗。许多基于经典防碰撞算法的改进型 RFID 多标签识别算法，期望通过减少标签识别过程中的空周期，减少查询搜索过程，以提高系统识别性能，它们的识别效果不是很理想，而且改进算法自身较为复杂，在 RFID 系统中不易实现，影响了算法的实用性，算法也没有得到实践应用。

基于碰撞树的 RFID 多标签识别技术，即 CT 算法，根据 RFID 多标签识别的实质目标，以及标签碰撞与防碰撞的本质特征，从引发空周期的根源入手，通过碰撞位跟踪技术，完全消除了 RFID 多标签识别过程中可能出现的空周期，首次将 RFID 多标签识别效率提高到 50%以上，识别性能远高于经典 RFID 多标签识别方法。同时，CT 算法采用方法直接，应用实现简单，对 RFID 标签和阅读器没有额外要求，可适用于无源被动 RFID 系统等多种应用系统，解决标签碰撞和标签识别问题。

本章后续内容主要包括以下几个方面：

4.2 节为曼彻斯特编码，主要介绍碰撞树算法的编码基础，即曼彻斯特编码的基本概念和特征，特别是通过曼彻斯特编码进行碰撞位跟踪的基本原理和方法。

4.3 节为 CT 算法，主要介绍 CT 算法的基本思想，CT 算法中阅读器和标签的工作过程,并给出采用CT算法进行RFID多标签识别的实例。

4.4节为碰撞树定义及性质,主要介绍碰撞树结构,给出碰撞树的定义和几个基本的性质定理,用于描述碰撞树算法的标签识别,并进行算法性能分析。

4.5节为CT算法性能分析,主要根据RFID多标签识别过程,以及碰撞树的定义和性质定理,分析CT算法的RFID识别性能和特征。

4.6节为仿真实验及数据分析,主要对CT算法进行仿真实验验证,并将CT算法与经典防碰撞算法识别性能进行对比分析。

4.2　曼彻斯特编码

CT算法的核心是对标签响应中的碰撞信息进行跟踪和直接处理,因此,就需要在多标签识别过程中,实现对二进制数据位的跟踪和定位。曼彻斯特编码提供了正确区分二进制位的基本方法,能够完成无线通信过程中对二进制位的跟踪,正确区分出正确的数据位,以及发生碰撞的碰撞位。而且,曼彻斯特编码在BS算法和DBS算法中已经得到应用。因此,选用曼彻斯特编码作为CT算法的编码基础,用于对标签发送的编号数据进行编码传送。

曼彻斯特编码[9]是一种具有自同步(self-clocking)功能的相位编码方式。曼彻斯特编码采用相位的翻转来表示二进制“0”和“1”,相位正向(positive)翻转时表示“0”,相位负向(negative)翻转时表示“1”。当两个或多个不同的信号在信道中传输时,不同信号中的“0”和“1”的相位翻转相互抵消,就会出现没有相位翻转(no transition)的状态。这种状态在曼彻斯特编码中是不允许存在的。因此,就能认定该位信号发生错误。在RFID多标签识别中,该位就被认定为碰撞位(collided bit)。所以,采用曼彻斯特编码,能够在信号传输过程中跟踪到每一个二进制位,获取其中正确的数据位,同时,可以获得碰撞发生的具体位置。

图4-1给出了采用曼彻斯特编码跟踪碰撞位的基本原理。当两组采用曼彻斯特编码信号,如标签编号:10011111和10111011,在无线信道中传输时,如果对应数据位的值相同,则信号的相位翻转相同,能够正确获得数据位。如果对应数据位的值不同,则两个信号的翻转方向不同,因此,这两个信号相互抵消,也就无法获得该位的正确数据信息,进而,可以确定该位发生碰撞。该例中,两个信号在无线信道中叠加,解码后得到:10x11x11,其中“x”表示该位出错,所以可以准确判定第3位和第6位发生了碰撞,如图4-1所示。

基于曼彻斯特编码的这种特性,CT算法的阅读器在多标签识别过程中,能够获取正确的数据位,以及发生碰撞的数据位的确切位置,并根据碰撞发生的位置,将发生碰撞的标签分成两个组,然后分别对两个分组中的标签进行识别。当分组中只有一个标签时,不会发生碰撞,则阅读器完成对该标签的识别。

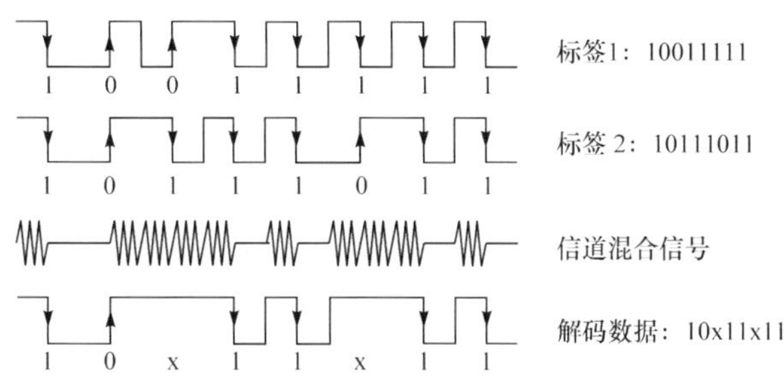

图 4-1　曼彻斯特编码跟踪碰撞位的基本原理

4.3　碰撞树算法

CT 算法[19]是一种新型的高效 RFID 多标签识别防碰撞算法。CT 算法通过采用曼彻斯特编码，跟踪标签发送的数据位，获取其中的正确位和碰撞位信息。阅读器根据收到信号中的首位碰撞位，生成两个新的搜索前缀，同时将发生碰撞的标签分为两个组，再分别进行识别。例如，对于查询 $q_1q_2\cdots q_k$，如果收到响应为$r_1r_2\cdots r_{c-1}r_c$，其中，$p_i, r_i \in \{0,1\}$，r_c 是首位碰撞位，则阅读器生成两个新的前缀，即 $p_1p_2\cdots p_kr_1r_2\cdots r_{c-1}0$ 和 $p_1p_2\cdots p_kr_1r_2\cdots r_{c-1}1$。同时，编号与 $q_1q_2\cdots q_k$ 相匹配的标签，即响应本次查询的标签，即发生碰撞的标签，被分为两个组。其中一个组的标签编号与 $p_1p_2\cdots p_kr_1r_2\cdots r_{c-1}0$ 相匹配，另一个组的标签编号与 $p_1p_2\cdots p_kr_1r_2\cdots r_{c-1}1$ 相匹配。而且在 CT 算法中，标签在响应阅读器查询请求时，只需要传送其编号的后面部分，前面与查询前缀(即 $q_1q_2\cdots q_k$)相一致的部分则不需要传送。

CT 算法的工作流程如图 4-2 所示，其中，图 4-2(a)为阅读器的工作流程，图 4-2(b)为标签的工作流程。

CT 算法采用堆栈(stack)作为缓冲池，存放标签识别过程中用到的或新生成的前缀。初始识别时，阅读器将标签编号置为空(NULL)，同时向堆栈压入(pushing)一个空串(Φ)。识别过程中，如果堆栈不为空，则弹出(popping)一个二进制串，称为搜索前缀。阅读器以前缀(prefix)为参数，发送查询命令 Query，并等待标签的响应。

阅读器识别域中的待识别标签收到阅读器的查询命令后，将各自的编号与收到的前缀进行比较。如果编号的前面部分与前缀相匹配，则标签将匹配后剩余的编号发送给阅读器，以响应阅读器的查询请求。如果编号与前缀不相匹配，则标签不做任何事情。

阅读器收到标签的响应数据信息，如果发生了碰撞，阅读器则按照上述 CT 算法中的新前缀生成规则，生成两个新的前缀，并压入堆栈。如果没有发生碰撞，阅

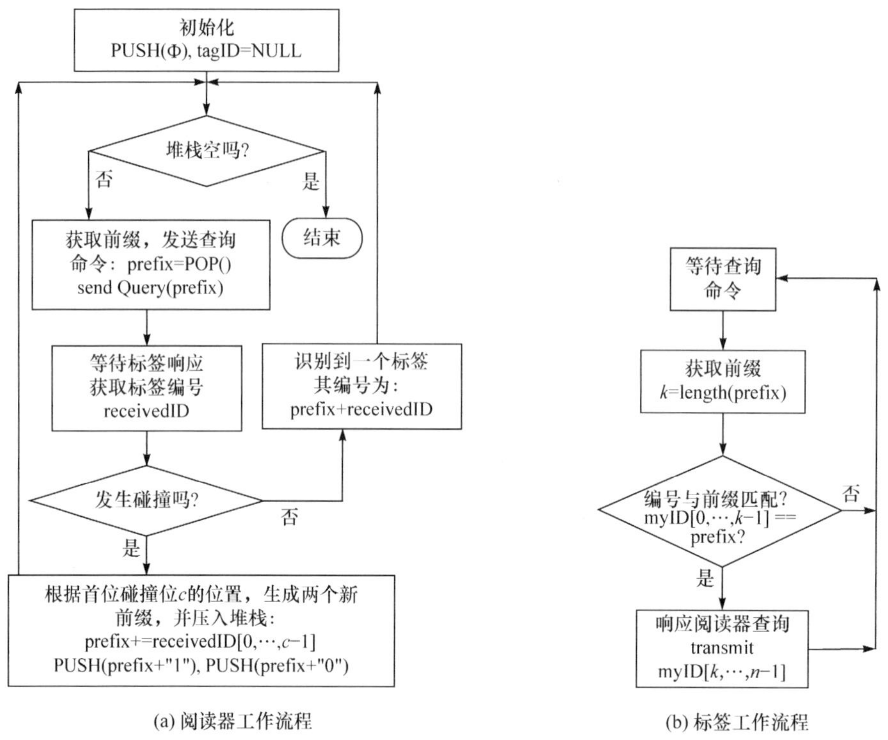

(a) 阅读器工作流程　　(b) 标签工作流程

图 4-2　CT 算法的工作流程

读器则正确识别到一个标签，且该标签的编号为前缀与收到编号位(receivedID)的串接(concatenation)。阅读器继续从堆栈中获取前缀，进行查询识别，直到缓冲池为空，即完成全部标签的识别。

图 4-3 给出了 CT 算法的一个实例，其中白色节点为碰撞节点，深色节点为未发生碰撞的可读节点，连线上的二进制字符串为前缀。图 4-3(a)是采用 CT 算法识别标签组{10100，10110，11001，11011}的基本过程。图 4-3(b)是该实例对应的

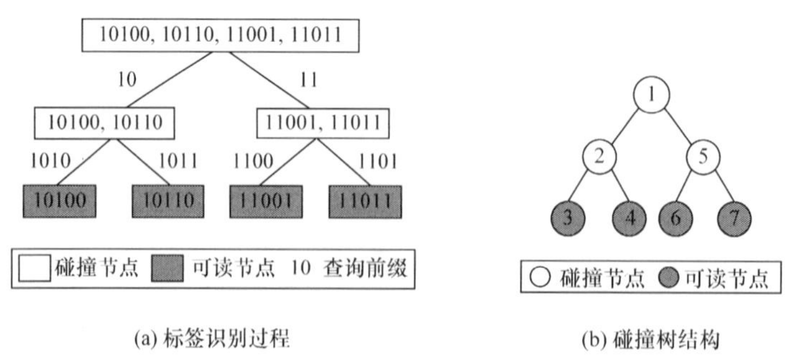

(a) 标签识别过程　　(b) 碰撞树结构

图 4-3　CT 算法的多标签识别过程

碰撞树结构。从该实例可以看出，经过 7 次查询，CT 算法完成了 4 个标签的识别，而且整个识别过程中，每个节点都有标签响应阅读器的查询请求。查询过程中没有空周期，碰撞树结构中也没有空节点。4.4 节将给出碰撞树的定义及性质，4.5 节将根据碰撞树的定义和性质详细分析 CT 算法的性能和特征。

4.4　碰撞树定义及性质

碰撞树结构源于对 CT 算法表述的需要，主要用于描述 CT 算法 RFID 多标签识别的工作过程，并用于分析 CT 算法的基本性能及变化趋势。同时，碰撞树结构也可用于分析基于碰撞树的相关防碰撞算法的性能。本节主要介绍碰撞树的定义，以及碰撞树的几个基本性质。

4.4.1　碰撞树的定义

CT 算法是一种二分算法，因此，描述 CT 算法的碰撞树结构属于二叉树结构。所以，树和二叉树的基本概念，同样适用于碰撞树结构。参照树和二叉树的相关概念，本书给出碰撞树的定义[19]如下。

【定义 4-1】　碰撞树是一组有限节点的集合。碰撞树可以为空，也可以由根节点 root 及其两个不相连的子树构成。这两个子树分别称为 root 节点的左子树(left subtree)和右子树(right subtree)，且两个子树的根节点分别称为 root 节点的左孩子(left child)和右孩子(right child)。碰撞树的子树仍然是碰撞树。碰撞树中叶节点(leaf node)的左子树和右子树(或左孩子和右孩子)被定义为空。

根据碰撞树的功能和作用，以及碰撞树的定义，可以在 CT 算法的识别搜索过程与碰撞结构之间建立起一一对应的关系，如图 4-3(a)和图 4-3(b)所示。在 RFID 多标签识别过程中，如果发生了碰撞，即至少有两个或两个以上标签响应了阅读器的请求，则碰撞树由三个节点构成：双亲节点(parent node)及其左孩子和右孩子。如果没有发生碰撞，即只有一个标签响应了阅读器的请求，则碰撞树只有一个节点，且为叶节点。根据定义，叶节点的左子树和右子树为空，这也与标签识别要求相一致。如果没有标签响应阅读器的请求，则碰撞树被定义为空，在 CT 算法中，没有标签响应的情况只可能发生在初始搜索时，即阅读器的识别域中没有待识别的标签，阅读器处于监听状态。识别域中一旦出现待识别的标签，阅读器即开始进入识别过程。

4.4.2　碰撞树的性质

碰撞树是二叉树，所以，二叉树的基本性质，碰撞树也同样适用。本部分仅列举 RFID 标签识别算法性能分析中需要用到的碰撞树的几个基本性质，并给予必要的分析和说明。

【性质 4-1】 碰撞树是满二叉树(full binary tree)。

满二叉树是指树中每一个节点要么同时拥有两个孩子,要么没有孩子。也就是说,满二叉树中不存在只有一个孩子的节点。由碰撞树的定义,以及碰撞树节点与标签识别之间的关系,碰撞树的中间节点与标签识别中的碰撞一一对应,碰撞树的叶节点与标签识别中的可读节点一一对应。如果碰撞树中存在节点 A,且节点 A 只有一个孩子 C,则在节点 A 处发生了碰撞。但是由于节点 A 只有一个孩子节点 C,所以在节点 A 处不存在与节点 C 中标签发生碰撞的标签,因此节点 A 处不可能发生碰撞。两者相互矛盾。因此,碰撞树中不存在只有一个孩子的节点。所以,碰撞树中只存在没有孩子的叶节点和同时具有两个孩子的中间节点。因此,碰撞树是满二叉树。

【性质 4-2】 碰撞树中只含有度为 0 和度为 2 的节点。

树中节点拥有子树或孩子的个数称为该节点的度(degree),树中所有节点中度的最大值称为该树的度。二叉树中节点的最大度数为 2,所以,二叉树的度为 2。由性质 4-1,碰撞树是满二叉树,只存在拥有两个孩子的中间节点和没有孩子的叶节点。因此,碰撞树中只含有度为 0 的节点(叶节点)和度为 2 的节点(中间节点)。

【性质 4-3】 若 n_0 为碰撞树中叶节点的数量,n_2 为碰撞树中中间节点的数量,N 为碰撞树中节点的总数,则满足关系:$n_2=n_0-1$ 和 $N=2n_0-1$。

由性质 4-2,碰撞树只含有度为 0 的叶节点和度为 2 的中间节点,因此,碰撞树中的节点总数为

$$N=n_2+n_0 \tag{4-1}$$

设 B 表示碰撞树中存在的分支总数,由于碰撞树中除根节点(root)外的所有节点都由一个分支引出,因此碰撞树中的节点总数可由分支总数表示为

$$N=B+1 \tag{4-2}$$

由性质 4-1,碰撞树为满二叉树,因此,树中每个中间节点都有两个孩子,即每个中间节点产生两个分支,而叶节点没有孩子,对分支数也就没有贡献,所以碰撞树的分支数可表示为

$$B=2n_2 \tag{4-3}$$

由式(4-2)和式(4-3)可得

$$N=2n_2+1 \tag{4-4}$$

再由式(4-1)和式(4-4),消去 N 可得

$$n_2=n_0-1 \tag{4-5}$$

将式(4-5)代入式(4-1)可得

$$N=2n_0-1 \tag{4-6}$$

式(4-5)和式(4-6)即为性质 4-3 的结论。

4.5　碰撞树算法性能分析

根据CT算法的基本过程，以及碰撞树的定义，在RFID多标签识别过程中，发生碰撞的查询周期与碰撞树的中间节点一一对应；没有发生碰撞而成功识别到标签的查询周期与碰撞树的叶节点一一对应。因此，多标签识别的过程，就是从碰撞树的根节点开始，搜索位于叶节点的可读标签的过程。所以，根据碰撞树的定义和性质，可以对CT算法的主要性能指标进行分析和评价。本节主要讨论CT算法的基本性能优势，主要包括时间复杂度、通信复杂度和识别效率。

4.5.1　时间复杂度

在RFID系统中，防碰撞算法的时间复杂度(time complexity)是指完成对一个标签集合中全部标签的识别所需要的查询-响应周期数(query-response cycle)，或者是平均完成一个标签的识别所需要的平均周期数，后者又被称为防碰撞算法的平均时间复杂度(average time complexity)。

由于标签识别的过程与对树的叶节点的搜索过程是一致的，所以，采用CT算法完成n个标签识别，所需要的查询周期总数与相应碰撞树的节点总数相等。而且由碰撞树的定义和CT算法的基本过程，CT算法识别的标签数量与碰撞树的叶节点的数量相等，即满足关系：

$$n=n_0 \tag{4-7}$$

所以，由碰撞树的性质4-3，以及式(4-6)和式(4-7)，CT算法的时间复杂度可表示为

$$T(n)=N=2n-1 \tag{4-8}$$

同时，CT算法的平均时间复杂度可表示为

$$T_{avg}(n)=T(n)/n=(2n-1)/n=2-1/n \tag{4-9}$$

4.5.2　通信复杂度

RFID防碰撞算法的通信复杂度(communication complexity)是指在RFID标签识别通信过程中，阅读器和标签传送的二进制数据位数。通信复杂度又可分为阅读器通信复杂度和标签通信复杂度。阅读器通信复杂度(reader communication complexity)是指在标签识别过程中阅读器所发送的二进制数据位数。标签通信复杂度(tag communication complexity)是指在标签识别过程中标签所发送的二进制数据位数。同时，在RFID系统中，通信复杂度也代表了RFID标签识别过程中系统的能量消耗。通常，传送的数据量越大，系统的能耗就越高。

设$C(n)$为CT算法的通信复杂度，$C_R(n)$为CT算法的阅读器通信复杂度，

$C_T(n)$为CT算法的标签通信复杂度,其中n为所识别的标签总数,则它们满足如下关系:

$$C(n)=C_R(n)+C_T(n) \tag{4-10}$$

设l_{com}为阅读器发送的命令字(command)的长度,$l_{pre.i}$为阅读器在第i个周期发送的查询前缀的长度,$l_{rep.i}$为标签响应(response)阅读器命令时发送的二进制位串的长度,则式(4-10)可以改写为

$$\begin{aligned} C(n) &= \sum_{i=1}^{T(n)}(l_{com}+l_{pre.i})+\sum_{i=1}^{T(n)}(l_{rep.i}) \\ &= \sum_{i=1}^{T(n)}(l_{com}+l_{pre.i}+l_{rep.i}) \end{aligned} \tag{4-11}$$

其中,$T(n)$为CT算法的时间复杂度。

由CT算法的查询和响应过程,每次标签响应时,只需要发送与前缀匹配后剩余的部分,而与前缀匹配相同的部分不需要传送。因此,在不同的查询-响应周期中,$l_{pre.i}$和$l_{rep.i}$的值会发生变化,但在每一个特定的查询-响应周期中,它们正好是标签编号的两个不同的部分,且满足关系:

$$l_{ID}=l_{pre.i}+l_{rep.i} \tag{4-12}$$

其中,l_{ID}为标签编号的长度。

所以,由式(4-8)、式(4-11)、式(4-12),可得CT算法的通信复杂度:

$$\begin{aligned} C(n) &= \sum_{i=1}^{T(n)}(l_{com}+l_{ID}) \\ &=(2n-1)(l_{com}+l_{ID}) \end{aligned} \tag{4-13}$$

设$C_{avg}(n)$为CT算法的平均通信复杂度,即平均完成一个标签识别,阅读器和标签所发送的二进制位数,则CT算法的平均通信复杂度为

$$\begin{aligned} C_{avg}(n) &=C(n)/n \\ &=(2-1/n)(l_{com}+l_{ID}) \end{aligned} \tag{4-14}$$

4.5.3 识别效率

在RFID系统中,防碰撞算法的识别效率(identification efficiency)是指所识别的标签数量与完成这些标签识别所需要的查询-响应周期数之间的比率。设$E(n)$为CT算法的识别效率,则由式(4-8),可得

$$\begin{aligned} E(n) &=n/T(n) \\ &=n/(2n-1) \end{aligned} \tag{4-15}$$

而且,CT算法的识别效率满足

$$E(n)>50\% \tag{4-16}$$

其中,n表示待识别标签数量,为正整数。

4.6　仿真实验及数据分析

为了验证 CT 算法的基本性能，本节将 CT 算法与经典 RFID 多标签识别方法，即 QT 算法、BT 算法、BS 算法、DBS 算法、FSA 算法，以及 NEAA 进行实验对比分析。因为，QT 算法、BT 算法、BS 算法、DBS 算法、FSA 算法都是防碰撞算法中的经典算法，在国际标准协议中已经得到了广泛的应用，如表 1-1 所示。NEAA 也采用了曼彻斯特编码方式，对 RFID 标签传输数据进行编码处理，用于阅读器计算接收到的标签编号中 1 或 0 的个数。

4.6.1　实验环境设置

基于 EPCglobal Class 1 Generation 2 和 ISO/IEC 18000-6 Specification，以及 RFID 防碰撞算法研究相关文献中仿真实验环境的主要设置，CT 算法仿真实验环境设置如下：

(1) 系统组成。系统是由单个阅读器和多个 RFID 标签组成的多标签识别系统；实验中标签数量从 4 个增加到 4096 个；同时，整个系统中标签编号唯一，编号长度为 96 位。

(2) 分布模式。所有实验组的标签编号(ID)采用均匀分布方式，即每一个标签编号中的每一位以相等概率获得取值“0”或“1”，但其中没有任何两个标签的编号相同。

(3) 命令选取。系统选用标签识别过程中两个必要的通信命令，即 Query 命令和 ACK 命令；其中：Query 命令长度为 22 位，用于阅读器发起对标签的查询；ACK 命令长度为 18 位，用于阅读器通知成功识别到的标签，并使其处于休眠状态。

需要说明的是，在 FSA 算法的实验中，每一帧中的初始时隙数(即帧的大小)与识别标签组中的标签数量相等，但在识别过程中，帧的大小不变。

4.6.2　时间复杂度

图 4-4 给出了 CT 算法在时间复杂度方面的优势曲线。与其他几种防碰撞算法的时间复杂度相比，CT 算法在时间复杂度性能上具有明显的优势。完成一个标签的识别，CT 算法平均仅需要两个识别周期(identification cycle)，QT 算法平均需要 3 个识别周期，而 FSA 算法、BT 算法则需要花费更多的识别周期。

随着样本集合中标签数量的增加，NEAA 的平均时间复杂度逐渐接近 CT 算法。但是，当集合中标签数量较少时，NEAA 的性能较差，识别周期耗费较大。这主要与 NEAA 在多标签识别过程中，采用的分组方式有关，当标签数量较少时，

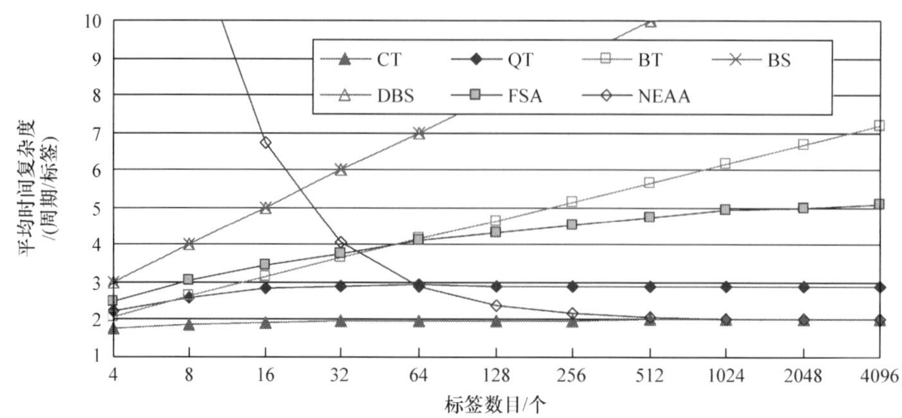

图 4-4 CT 算法的时间复杂度优势

NEAA 会出现较多空分组,导致更多的空周期出现,因此算法性能反而降低。

BS 算法和 DBS 算法使用相同的搜索识别过程,因此,它们的时间复杂度相同。而且,由于 BS 算法和 DBS 算法采用的是二进制位搜索的方式,每次完成一个标签的识别,都需要从初始搜索串开始,进行二进制串的比较搜索,逐渐缩小标签集合的大小,直到识别到标签。所以,随着标签数量的增加,重复迭代步骤显著增加,它们的时间复杂度也随之增加。

4.6.3 通信复杂度

图 4-5 给出了 CT 算法在通信复杂度方面的优势曲线。在通信复杂度方面,CT 算法也具有明显的优势,完成一个标签的识别,CT 算法的平均数据传输量只有 QT 算法的 2/3。因此,CT 算法的能量消耗也只有 QT 算法的 2/3。同时,CT 算法在数据传输量和系统能耗方面,也明显优于 BT 算法、BS 算法、DBS 算法。

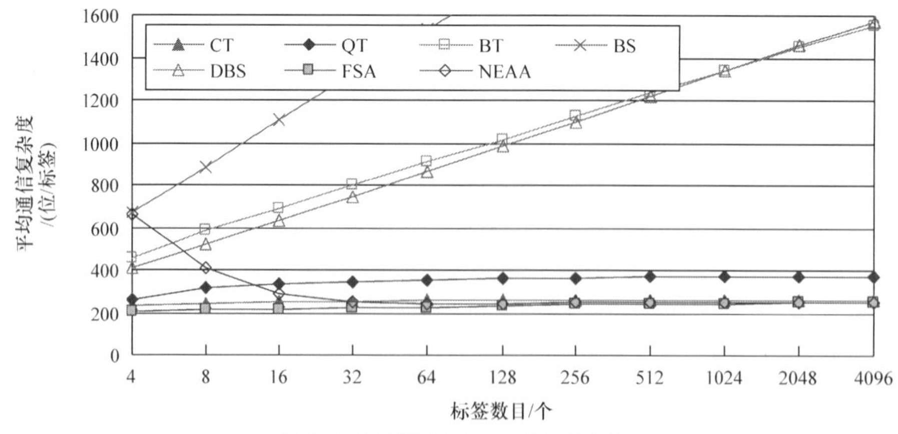

图 4-5 CT 算法的通信复杂度优势

由于在 FSA 算法中，标签通过随机生成的时隙号，选择一帧中的时隙进行数据传送，阅读器也不需要发送类似搜索前缀的数据信息，因此，FSA 算法的通信复杂度低于包括 CT 算法在内的其他几种防碰撞算法的通信复杂度。

与时间复杂度相类似，由于 NEAA 采用了分组方式对标签分别进行识别，因此，当标签数量较大时，NEAA 的通信复杂度具有一定的优势，甚至接近 CT 算法的通信复杂度。

另外，在 DBS 算法中，阅读器和标签均省去了不需要传送的冗余数据信息，因此，与 BS 算法相比，DBS 算法将数据传输量和系统能耗降低了 50%左右。

4.6.4　识别效率

CT 算法在识别效率方面的优势曲线，如图 4-6 所示。CT 算法成功地将多标签识别效率提高到 50%以上，而 QT 算法的识别效率在 34%左右。其他防碰撞算法(BT、BS、DBS、FSA)的识别效率均在 50%以下，而且，随着标签数目的增加，它们的识别效率逐渐降低。

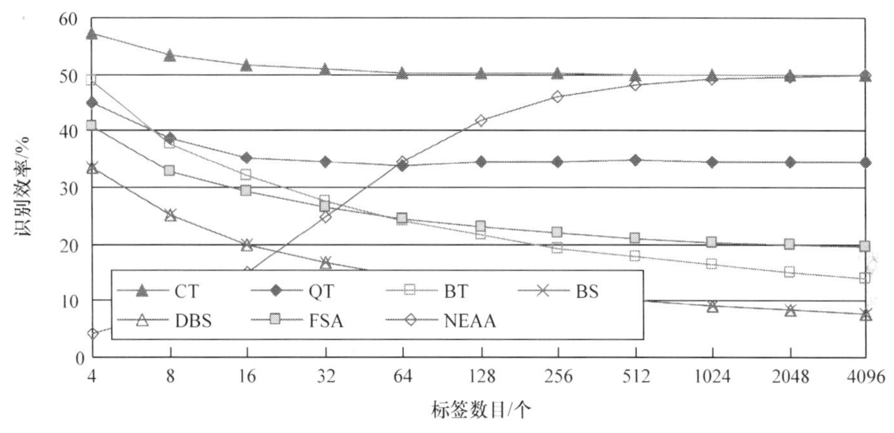

图 4-6　CT 算法的识别效率优势

NEAA 的识别效率变化较大，随着标签数量的增加，NEAA 的识别效率逐渐增加，并接近 CT 算法的识别效率。但是，当标签数目较少时，NEAA 的性能却很低。同时，由于 NEAA 自身过程较为复杂，而且为了将标签分配到不同的分组中，NEAA 需要事先知道各标签编号中“1”或“0”的个数。因此，NEAA 的实用性受到一定的限制。

识别效率是衡量防碰撞算法的主要性能指标之一。它在一定程度上决定或反映了 RFID 多标签识别系统的识别速度(identification speed)、系统吞吐率、信道利用率(channel utilization)等方面的性能。通常，在相同条件下，防碰撞算法的识别效率越高，信道的利用率越好，标签的识别速度越快，系统的吞吐率越高。当然，通信环境中的其他一些因素,如信道质量、通信模式等,也会对多标签识别速度和系统吞吐率等产生一定的影响。

4.7 小　　结

本章主要介绍了 CT 算法的基本思想和识别过程,给出了碰撞树的定义和主要性质,并分析了 CT 算法的主要识别性能。理论分析和实验结果均表明:CT 算法将多标签识别效率提高到 50%以上,是一种高效的防碰撞算法。同时,在 CT 算法中,标签的响应只与本次收到的查询命令和搜索前缀有关,而与过往的查询历史没有关系,标签也就不需要存储和记忆识别的历史过程,所以,CT 算法属于无记忆防碰撞算法系列。由于 CT 算法能以较低的系统能耗,快速高效地完成多标签识别,而且算法简单直接,易于实现,所以,CT 算法能够应用在无源被动 RFID 多标签识别系统,以及其他 RFID 多标签识别系统,解决标签碰撞问题。

第 5 章　RFID 多标签识别防碰撞算法稳定性分析

5.1　引　　言

许多已知的防碰撞算法，包括基于 ALOHA 的时隙类防碰撞算法，以及基于树搜索的树型防碰撞算法，它们的识别性能除了受到待识别标签的数量影响，还与标签编号的分布形式等因素有关。随着识别标签集合不同，这些算法的识别性能会发生不同的变化，即使是对同一标签集合的多次识别，其性能也可能存在较大差异。在实时控制、自动化生产等应用领域中，通常对完成一组标签识别所需要的识别时间和系统能耗，具有较为严格的定量控制要求。

CT 算法是一种高性能的 RFID 多标签识别防碰撞算法。CT 算法的主要特征在于直接关注碰撞行为，将碰撞位作为产生新前缀和划分标签分组的直接依据。因此，CT 算法完全消除了多标签识别过程中可能存在的空周期，将防碰撞算法的识别效率提高到 50%以上。除了在时间复杂度、通信复杂度、识别效率等性能方面具有显著优势外，CT 算法还具有另一个重要特性，即稳定性(stability)。这是其他防碰撞算法所不具备的。这种稳定性正好使 CT 算法能够满足上述自动控制和实时数据采集等领域的应用需求。本章给出了 RFID 防碰撞算法稳定性的定义及其计算方法，并对 CT 算法的稳定性进行了理论分析和实验验证。

本章后续内容主要包括如下几个方面：

5.2 节为 RFID 防碰撞算法稳定性概念，主要介绍 RFID 多标签识别防碰撞算法稳定性的定义及重要意义。

5.3 节为 CT 算法性能分析，主要对 CT 算法性能的稳定性进行理论分析，包括时间复杂度、通信复杂度、识别效率的稳定性，进而得出 CT 算法是一种稳定的防碰撞算法。

5.4 节为仿真实验及数据分析，建立多种标签编号分布模式和实验场景，对 CT 算法稳定性进行实验验证。

5.2　RFID 防碰撞算法稳定性概念

RFID 多标签识别防碰撞算法稳定性有两层基本含义，第一层含义是指防碰撞算法识别性能的稳定性，第二层含义是指防碰撞算法的稳定性。本节首先给出防碰撞算法性能稳定性的定义,然后给出防碰撞算法稳定性的概念。

【定义 5-1】 稳定性[20]:如果防碰撞算法的识别性能只与待识别标签数量有关,而不受标签编号分布以及其他因素的影响,且平均完成一个标签识别的平均性能趋于一个常数,则称算法的该性能是稳定的。如果防碰撞算法的主要性能指标是稳定的,则称该防碰撞算法是稳定的。

稳定性的意义在于:如果防碰撞算法是稳定的,则意味着完成等量标签识别,所花费的识别时间和系统能耗等是确定的、可预测的、可控制的。这对于实际生产、控制、应用等具有非常重要的意义和影响。

由定义 5-1 可知,不同的性能指标有不同的稳定性。本章主要讨论防碰撞算法几个主要的识别性能指标,包括时间复杂度、通信复杂度、识别效率。因此,稳定性讨论也主要包括时间复杂度稳定性、通信复杂度稳定性、识别效率稳定性。本章后续部分将分别对 CT 算法的这几个基本识别性能指标的稳定性进行讨论和分析,并给出 CT 算法稳定性的分析结果。

5.3　碰撞树算法性能分析

CT 算法的基本思想、识别过程,以及主要性能表现在第 4 章已经做了较为详细的介绍,本章主要对 CT 算法的时间复杂度、通信复杂度、识别效率的稳定性进行分析。

5.3.1　时间复杂度

在 RFID 多标签识别中,防碰撞算法的时间复杂度是指完成全部标签识别所需要的查询周期数,或者是平均识别一个标签所需要的平均查询周期数,后者又被称为平均时间复杂度。

如第 4 章中分析讨论,CT 算法的时间复杂度为

$$T(n)=2n-1 \tag{5-1}$$

其中,n 为待识别标签数量。同时,CT 算法的平均时间复杂度为

$$T_{\text{avg}}(n)=2-1/n \tag{5-2}$$

对式(5-2)取极限,可得

$$\lim_{n\to\infty}T_{\text{avg}}(n)=2 \tag{5-3}$$

由式(5-1)和式(5-3)可知:CT 算法的时间复杂度只与待识别标签数量 n 有关,而不受其他因素影响,且其平均时间复杂度趋于常数 2,因此,根据定义 5-1,CT 算法的时间复杂度是稳定的。

5.3.2　通信复杂度

防碰撞算法的通信复杂度是指在 RFID 多标签识别过程中，阅读器和标签传输二进制数的位数。平均通信复杂度(average communication complexity)是指平均识别一个标签阅读器和标签平均传输的二进制数的位数。

设 $C(n)$和 $C_{avg}(n)$分别表示 CT 算法的通信复杂度和平均通信复杂度，则由式(4-13)，可知

$$C(n)=(2n-1)(l_{com}+l_{ID}) \tag{5-4}$$

其中，l_{com}和 l_{ID}分别为阅读器发送命令字的长度和标签编号的长度。同时，CT 算法的平均通信复杂度为

$$C_{avg}(n)=(2-1/n)(l_{com}+l_{ID}) \tag{5-5}$$

而且，

$$\lim_{n\to\infty}C_{avg}(n)=2(l_{com}+l_{ID}) \tag{5-6}$$

由于在一个给定的 RFID 多标签识别系统中，l_{com}和 l_{ID}均为常数，所以，由式(5-4)和式(5-6)，CT 算法的通信复杂度只与待识别标签数量 n 有关，而与其他因素无关，同时，CT 算法的平均通信复杂度也趋于一个常数。因此，CT 算法的通信复杂度是稳定的。

5.3.3　识别效率

RFID 多标签识别防碰撞算法的另一个重要性能指标是识别效率。防碰撞算法的识别效率通常用标签数量与阅读器识别这些标签所需要的查询周期数之间的比率来表示。

设 $E(n)$表示 CT 算法的识别效率，则由式(4-15)或式(5-1)，CT 算法的识别效率为

$$E(n)=n/(2n-1) \tag{5-7}$$

由于 n 表示待识别标签数量，是一个正整数，所以，$E(n)$还满足

$$E(n)>50\% \tag{5-8}$$

并且，

$$\lim_{n\to\infty}E(n)=0.5 \tag{5-9}$$

所以，由式(5-7)和式(5-9)，CT 算法的识别效率只与待识别标签数量 n 有关，且趋向于一个常数。因此，CT 算法的识别效率是稳定的。

综上所述，CT 算法的主要性能指标包括时间复杂度、通信复杂度、识别效率，这些指标均是稳定的，所以可以得出结论：CT 算法的识别性能是稳定的，CT 算法

是一种稳定的防碰撞算法。同时,本章后续小节将通过实验方式,验证CT算法的稳定性特征。

5.4 仿真实验及数据分析

本章主要将CT算法与典型的树型搜索算法,包括QT算法、BT算法,以及NEAA,进行性能比较和分析,以验证CT算法的稳定性。

5.4.1 实验场景及参数设置

本章实验环境的设置与第4章中实验环境设置基本一致。系统由一个阅读器和若干标签构成。标签数量从4个增加到4096个。标签编号长度为96位,且在同一标签实验组中,标签编号唯一。使用两个必要的通信命令:Query命令(22位)和ACK命令(18位)。为了验证防碰撞算法性能稳定性,本章根据标签编号的分布特征,建立了五种实验场景(scenario),即S1、S2、S3、S4、S5,分别描述如下。

S1:标签编号均匀分布,标签编号中的每一个二进制位都等概率地获得取值“0”或“1”。

S2:标签编号连续分布,且编号中的可变部分位于标签编号的前端部分。

S3:标签编号连续分布,且编号中的可变部分位于标签编号的中间部分。

S4:标签编号连续分布,且编号中的可变部分位于标签编号的末端部分。

S5:标签编号根据不同的连续度呈非连续分布,且标签编号的可变部分位于标签编号的前面部分。在编号的可变部分,每一位都等概率地获得取值“0”或“1”。

下面首先给出标签编号连续度(continuous degree)的定义[20]。

【定义5-2】 连续度:设i为一组标签集合中标签编号可变部分的位数或长度,且满足$0<i\leqslant l_{\mathrm{ID}}$,其中,$l_{\mathrm{ID}}$为标签编号的长度,则该标签集合的标签容量为$2^i$,即该标签集合中可容纳的标签总数(或标签编号总数)最多为2^i。设n为该标签集合中实际待识别标签数量,则该标签集合的连续度C_{d}定义如下:

$$C_{\mathrm{d}}=\log_2(n/2^i) \tag{5-10}$$

例如,一个标签集合中,标签编号的可变位数$i=8$,则该集合中可容纳的标签总数为$2^8=256$,如果待识别标签数量$n=64$,则标签集合的连续度为$\log_2(64/256)=-2$。

连续度主要用于衡量标签集合的连续或不连续程度。由于$n\leqslant 2^i$,所以$C_{\mathrm{d}}\leqslant 0$。同时,连续度是一个概率型指标,随着连续度值的减小,标签集合中标签编号连续的可能性降低,而不连续的可能性增加。当$C_{\mathrm{d}}=0$,即$n=2^i$时,集合中的标签编号绝对连续(absolute continuous)。

5.4.2　基于 FPGA 的碰撞树算法实验平台

为了进一步分析和验证 CT 算法的主要性能及其稳定性，本书建立了基于 FPGA 的算法仿真实验平台。在基于 FPGA 的算法仿真实验平台中，待识别的标签组由运行于计算机的软件模拟产生，并完成标签的相应功能；阅读器的功能由 FPGA 硬件部分实现。这主要是因为 CT 算法的核心和主体部分体现在阅读器端。同时，这也是为了方便在实验过程中动态改变标签集合的特征，如标签数量、分布特征、编号长度等，以满足实验场景设置的要求。根据 FPGA 与计算机之间通信接口方式的不同，CT 算法仿真实验平台包括两种通信方式。

Situation I：有线通信方式，FPGA 和计算机之间采用 UART(universal asynchronous receiver transmitter)异步串行通信接口连接，阅读器和标签通过有线信道进行通信，其连接结构和操作界面如图 5-1 所示。

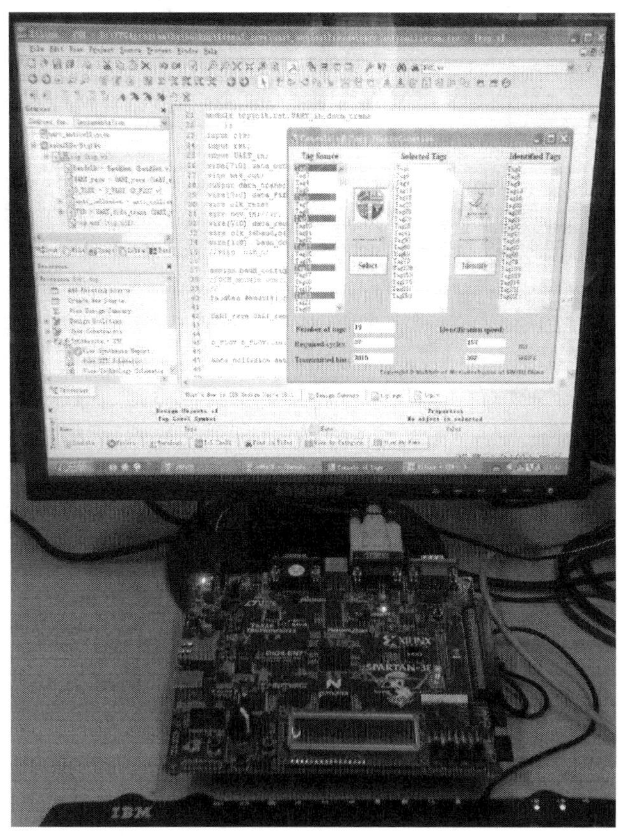

图 5-1　采用 UART 有线通信接口的 CT 算法实验平台(连接操作界面)

Situation II:无线通信方式,FPGA 和计算机之间采用蓝牙(Bluetooth)通信接口连接,阅读器和标签通过无线信道进行通信,其连接结构和操作界面如图 5-2 所示。

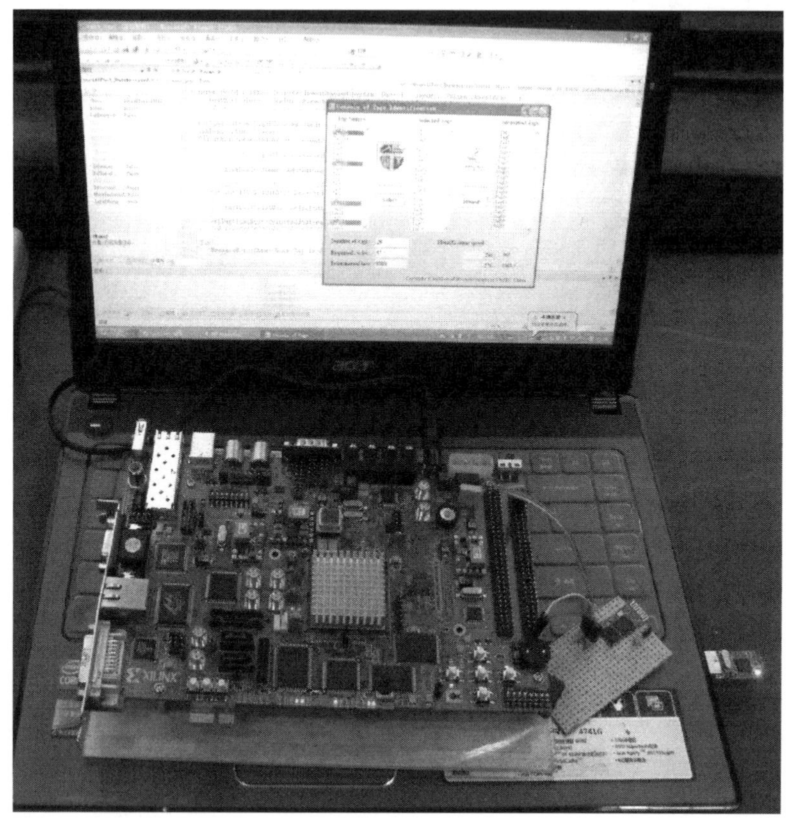

图 5-2 采用 Bluetooth 无线通信接口的 CT 算法实验平台(连接操作界面)

UART 是一种异步收发的串行接口,在计算机与 FPGA 之间实现数据的串行/并行转换和传输。UART 接口中数据传输的格式和传输速率可调,计算机或 FPGA 中的接口模块可以根据需要对 UART 的电平信号和编码格式进行设置。

Bluetooth 技术可以采用 2.4GHz 带宽在两个设备之间进行信息交换,是一种随时可用、低成本、短距离、供公共使用的无线通信技术,同时,也是一种采用短波射频传输且具有高可靠性的信息交互标准,其通信覆盖半径可达到 10m,能够满足一般通信控制和实验应用的要求。

1. 采用 UART 连接的 CT 算法实验平台

采用 UART 有线连接方式的 CT 算法实验平台的逻辑结构框图如图 5-3 所

示,其主要功能可分为两大部分,即位于计算机上的标签部分和位于 FPGA 上的阅读器部分。标签部分的功能模块,主要包括标签生成模块、标签管理模块、命令接收模块、响应管理单元、曼彻斯特编码模块。阅读器部分的功能模块,主要包括曼彻斯特解码模块、数据及碰撞检测模块、有限状态自动机、堆栈寄存器(前缀池)、命令生成单元、命令发送单元。

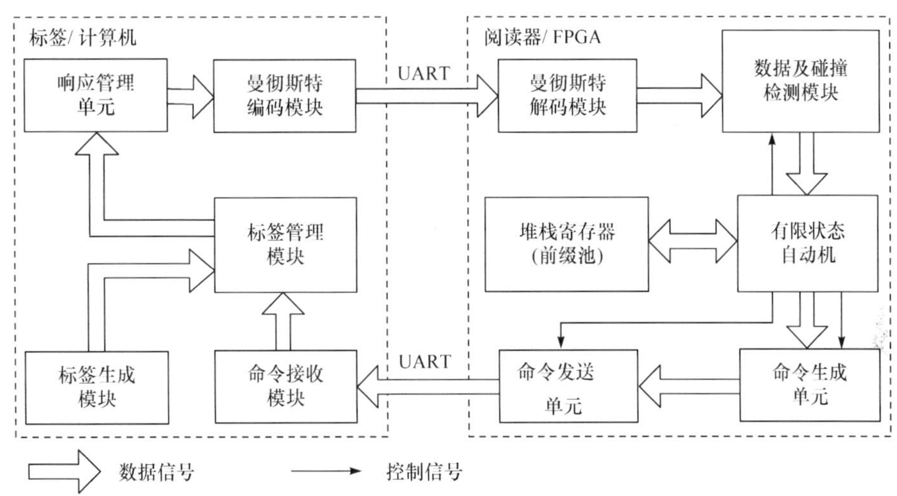

图 5-3　采用 UART 有线通信接口的 CT 算法实验平台(逻辑结构框图)

标签生成模块(tag generator)主要根据实验的需求,如标签的数量、标签编号的分布模式等,生成标签编号,并确保编号的唯一性。标签管理模块(tag manager)根据收到的前缀从待识别标签集合中选择编号与前缀相匹配的标签,响应阅读器的请求。同时,如果标签被阅读器成功识别,标签管理器还负责将该标签的状态从待识别状态改为已识别状态,并使其处于休眠(sleep)状态。处于休眠状态的标签,不能响应阅读器的后续请求和命令。响应管理单元(response manger)将响应标签编号中与前缀相一致的部分去掉,将余下的部分发送给曼彻斯特编码模块。

曼彻斯特编码模块(Manchester encoder)位于标签部分,主要是将要发送的标签编号数据,通常为不归零(NRZ)编码方式,转换为曼彻斯特编码(Manchester code)方式,并发送给阅读器。相应地,位于阅读器部分的曼彻斯特解码模块(Manchester decoder),主要是从收到的编码数据中,解码获取数据位,并检测碰撞(collision)和碰撞位(collided bit)。实验中分别用曼彻斯特编码“10”和“01”表示 NRZ 中的“1”和“0”,即负跳变表示“1”,正跳变表示“0”。

例如,两个标签编号“0011”和“0101”被分别编码为“01011010”和“01100110”,它们在传输过程中,相互叠加,成为“01000010”或“01111110”,本书以前者为例,后者同理。由于曼彻斯特编码是用电平的转换来区分和表示二进制位,所以,在曼彻斯特编码中,不存在"00"和"11"的情况。所以,收到的数据位"01000010"被解码成"0xx1",其中"x"表示该位信号无法正确识别,即发生碰撞。因此,这组数据中第 2 位和第 3 位发生了碰撞。根据获得的碰撞位信息,CT 算法就可以进行有效的防碰撞处理,并完成标签的正确识别。

数据及碰撞检测模块(data and collision flag register),主要存储收到的解码数据,以及碰撞位的信息,并将它们发送给有限状态自动机。有限状态自动机(finite state machine,FSM)是算法控制的核心部分,其主要功能包括:①如果发生碰撞,则根据前缀生成规则,生成新的前缀,并压入堆栈,即放入前缀池;②如果没有发生碰撞,则通过命令单元,发送 ACK 命令,通知成功识别到的标签;③如果堆栈不为空,即还未完成全部标签识别,则从堆栈中弹出一个前缀,并发送到命令生成单元,开始新的识别查询;④保持阅读器处于监听状态,例如,在初始识别时,持续发送请求命令(querying),以探测阅读器识别范围内是否有待识别的标签。命令生成单元(command generator),主要是根据 FSM 的控制信号,生成相应的命令,配置命令的相关参数(主要是前缀),并将它们传送给命令发送单元(command sender)。命令发送单元将收到的命令及参数格式调整成适合 UART 传输的格式,并发送出去。命令接收单元(command receiver)位于标签部分,主要负责从接收到的信号中取出命令和参数,并将它们传送给标签管理模块。

2. 采用 Bluetooth 连接的 CT 算法实验平台

图 5-4 给出了采用 Bluetooth 无线连接方式的 CT 算法实验平台的逻辑结构框图,其主要功能仍然分为两大部分,即位于计算机上的标签部分和位于 FPGA 上的阅读器部分。而且,标签部分和阅读器部分的主要功能模块与基于 UART 的有线连接实验平台的主要功能模块基本一致。不同的是,在采用 Bluetooth 的无线连接方式中,标签和阅读器的通信接口部分增加了负责无线信号传输的收发器和天线部分。

收发器(transceiver,TX/RX)是一个射频(radio frequency)模块,其主要功能是将要发送的信号调制(modulate)到射频载波信号上,并通过天线发送出去;或者从收到的载波信号中解调(demodulate)出需要的数据信号。阅读器和标签端的收发器都采用半双工(half-duplex)工作模式,也就是阅读器和标签轮流进行数据的收发。

5.4.3　分布形式对碰撞树算法稳定性的影响

首先,讨论标签编号的不同分布形式,以及碰撞发生的位置,对 CT 算法及其他 RFID 防碰撞算法识别性能稳定性的影响。在本部分实验中,选取了标签编号

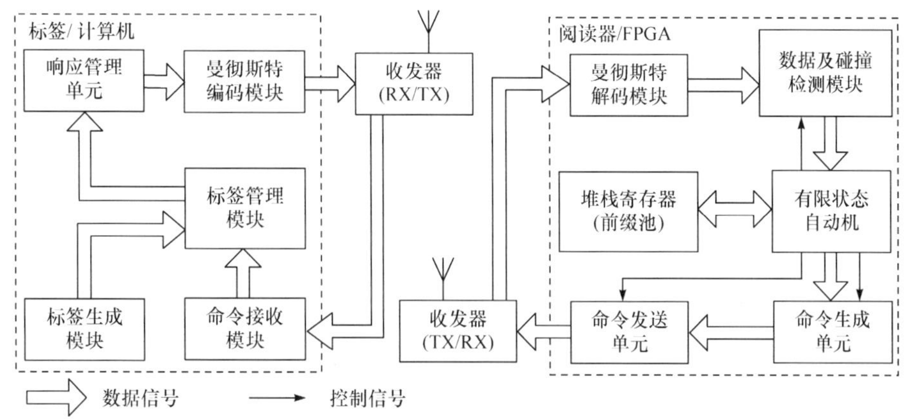

图 5-4　采用 Bluetooth 无线通信接口的 CT 算法实验平台(逻辑结构框图)

分布的两种主要形式:均匀分布形式(S1)和连续分布形式。根据编号可变部分的位置不同,编号连续分布形式又分为三种情况:前端连续(S2)、中间连续(S3)、后端连续(S4)。

在多标签识别过程中,可变部分的位置决定了碰撞发生的位置,所以,防碰撞算法在 S2、S3、S4 三个场景中的识别性能表现也反映了碰撞发生的位置对防碰撞算法性能的影响。所以,本部分一共使用了 5.4.1 节中设置的四个实验场景,验证标签编号分布形式和碰撞发生的位置对防碰撞算法识别性能的影响。

图 5-5～图 5-7 分别给出了在四个实验场景 S1、S2、S3、S4 中,CT 算法、BT 算法、QT 算法、NEAA 的平均时间复杂度、平均通信复杂度、识别效率的性能曲线。图中,标识"CT-S1"表示该曲线是 CT 算法在场景 S1 中的性能曲线。标识"NEAA-S2"表示该曲线是 NEAA 在场景 S2 中的性能曲线。类似,可以得到图中其他标识所标注的曲线的含义。

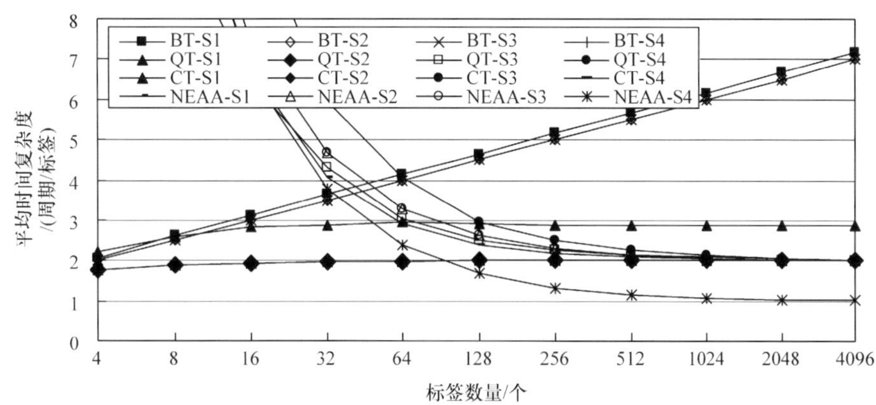

图 5-5　不同分布下 CT 算法平均时间复杂度的稳定性

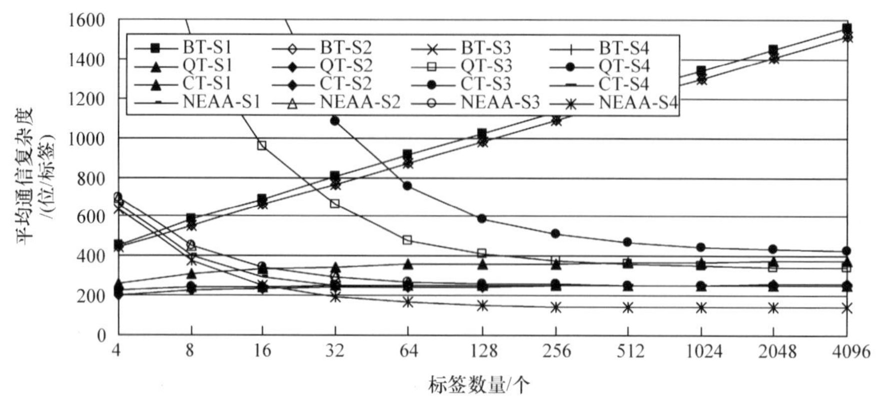

图 5-6　不同分布下 CT 算法平均通信复杂度的稳定性

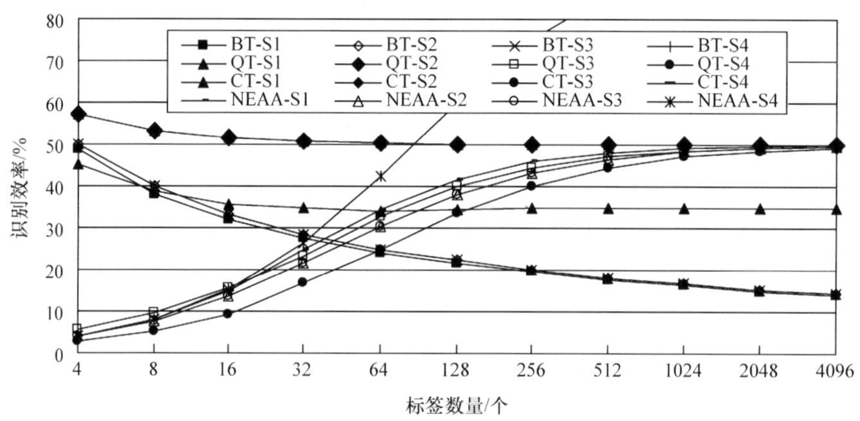

图 5-7　不同分布下 CT 算法识别效率的稳定性

如图 5-5 所示，在所设置的两种编号分布形式(均匀分布、连续分布)和四种实验场景(S1、S2、S3、S4)中，CT 算法的平均时间复杂度曲线相互重合，形成同一条曲线。这表明 CT 算法的平均时间复杂度没有受到标签编号分布形式的影响。同时，碰撞发生的位置对其也没有产生影响。相反，BT 算法、QT 算法、NEAA 的平均时间复杂度在不同的实验场景中发生了明显的变化。特别是 QT 算法和 NEAA，它们的平均时间复杂度随着实验场景的变化差异尤为显著。所以，在实验场景 S1、S2、S3、S4 所设置的多标签识别环境下，CT 算法的平均时间复杂度是稳定的。

从图 5-6 和图 5-7 中同样可以发现：CT 算法在四个实验场景(S1、S2、S3、S4)中所获得的平均通信复杂度曲线是相互重合的，其识别效率曲线也相互重合。也就是说，标签编号的分布形式以及碰撞发生的位置对 CT 算法的平均通信复杂度和识别效率没有产生影响。而在相同条件下，BT 算法、QT 算法、NEAA 的平均通信复杂度和识别效率却呈现出明显的差异。所以，在实验场景 S1、S2、S3、S4 所设置的多标签识别环境下，CT 算法的通信复杂度和识别效率是稳定的。

另外，从图 5-5～图 5-7 还可以发现：在场景 S2 所设定的环境中（即标签编号连续分布，且编号中的可变部分位于标签编号的前端部分），QT 算法达到与 CT 算法相同的平均时间复杂度和识别效率，但 QT 算法的平均通信复杂度略高于 CT 算法的平均通信复杂度。这主要是因为在场景 S2 中，标签编号呈前端连续分布状态，在这种情况下，CT 算法和 QT 算法的标签识别过程和前缀生成过程基本达到一致。所以在场景 S2 中，CT 算法和 QT 算法的平均时间复杂度和识别效率几乎相等。但是，在 QT 算法中，标签采用满编号长度响应阅读器请求，而在 CT 算法中，标签省略了与前缀相同的编号部分，所以，QT 算法的平均通信复杂度要略高于 CT 算法的平均通信复杂度。

5.4.4　连续度对碰撞树算法稳定性的影响

本部分主要讨论标签集合编号连续度的变化对 CT 算法及其他 RFID 防碰撞算法性能的影响。在实验场景 S5 中，采用 CT 算法、BT 算法、QT 算法、NEAA 分别对标签数量为 64、256、1024 的标签集合进行多标签识别实验。在实验过程中，控制各实验标签集合的编号连续度指标，使其从－1 逐渐降低到－9。所得到的实验结果，即 CT 算法、BT 算法、QT 算法、NEAA 的平均时间复杂度、平均通信复杂度、识别效率曲线分别如图 5-8～图 5-10 所示。

根据图 5-8～图 5-10 所反映的结果，CT 算法的平均时间复杂度、平均通信复杂度、识别效率曲线均呈水平走势，所以，标签集合编号连续度的变化对 CT 算法的性能没有产生影响。同时，实验结果还反映出：对不同数量的标签集合进行识别，CT 算法所获得的平均时间复杂度、平均通信复杂度、识别效率性能曲线分别

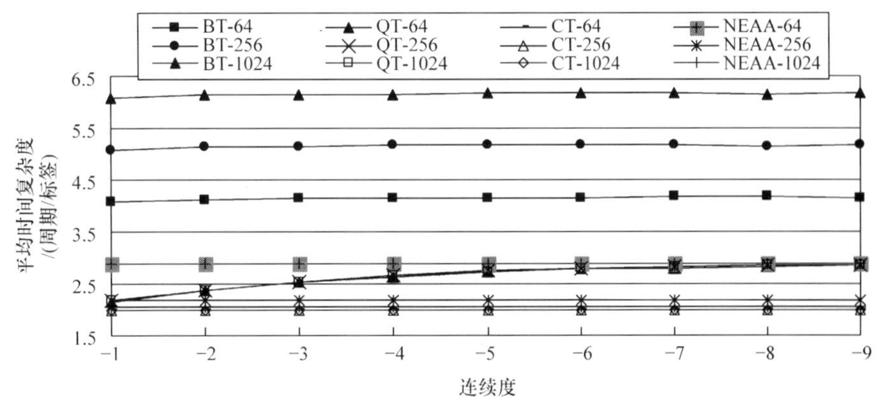

图 5-8　不同连续度下 CT 算法平均时间复杂度的稳定性

重合。所以,在实验场景 S5 所设定的不同连续度的多标签识别环境下,CT 算法的时间复杂度、通信复杂度、识别效率是稳定的。

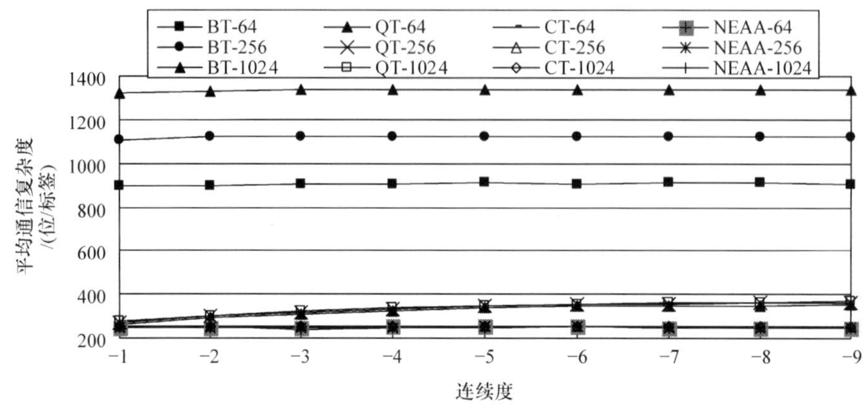

图 5-9　不同连续度下 CT 算法平均通信复杂度的稳定性

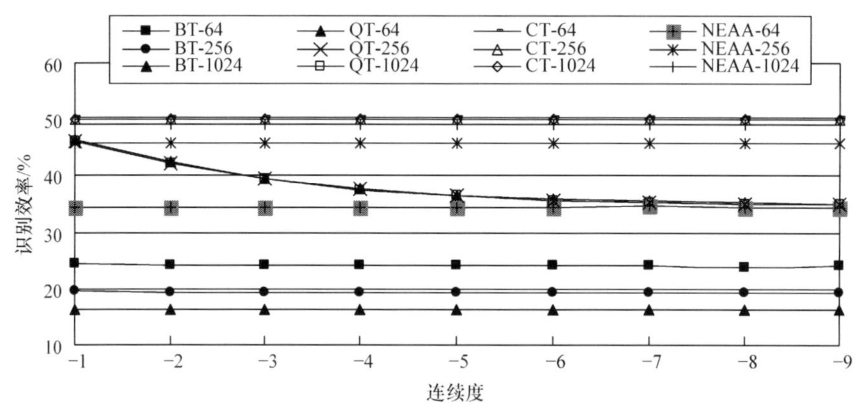

图 5-10　不同连续度下 CT 算法识别效率的稳定性

从图 5-8～图 5-10 中还可以发现,随着连续度的降低,QT 算法的平均时间复杂和平均通信复杂度逐渐上升,而识别效率逐渐下降。也就是说,QT 算法的识别性能随着连续度的减小而逐渐降低。这主要是因为:随着标签编号连续度降低,相邻碰撞位之间的距离加大;而 QT 算法在每次发生碰撞时,只是将搜索前缀扩展一位;因此,需要更多次的前缀扩展和查询,阅读才能完成标签的识别。所以,随着连续度的降低,QT 算法在标签识别过程中的空周期增加,因此,时间复杂度和通信复杂度上升,而识别效率下降。

与 QT 算法不同,连续度的变化对 BT 算法和 NEAA 的性能影响较小,它们的时间复杂度、通信复杂度、识别效率曲线也呈水平状态。但是,BT 算法和

NEAA 对标签的数量很敏感。BT 算法采用的是计数器分组方式，通过加上随机数 0 或 1 来改变计数器的值，并对标签进行分组。随着标签数量的增加，出现空周期的概率增加，搜索深度和查询请求次数也相应增加，因此，算法的识别性能相应下降。

NEAA 采用了预先分组的方式，根据标签编号中的“0”或“1”的个数，将标签分到不同的组，再分别识别。当待识别标签数量较少时，NEAA 会产生较多的空闲分组，形成空周期，影响算法识别性能。所以，待识别标签数量对于 NEAA 的性能也产生了较大的影响。随着待识别标签数量的增加，特别是当待识别标签数量超过标签编号长度后，几乎每个分组中都有标签存在，此时，NEAA 的识别性能较好。

5.4.5　样本集合对碰撞树算法稳定性的影响

从图 5-8～图 5-10 中性能曲线的走势看，连续度的变化对 BT 算法和 NEAA 的影响不是很明显，在不同连续度分布条件下，它们的性能曲线几乎水平。但是这只是统计结果上的平均表现，并不表示它们性能是稳定的。在对相同分布、相同连续度、相同数量的不同标签集合样本进行识别时，发现 BT 算法和 NEAA 的性能也存在明显的波动。

图 5-11～图 5-13 分别给出了在对不同标签集合进行识别时，CT 算法、BT 算法、QT 算法、NEAA 的时间复杂度、通信复杂度、识别效率曲线。实验一共选用 100 组标签，每个标签集合由 32 个标签构成，所有标签集合的连续度均为－6。从这组图中可以看出，CT 算法的时间复杂度、通信复杂度、识别效率曲线始终保持水平，成一条直线，而 QT 算法、BT 算法、NEAA 的性能曲线上下波动明显。所以，CT 算法的性能不受识别标签样本集合变化的影响，其识别性能是稳定的。而其他防碰撞算法的识别性能受标签集合的影响较大。

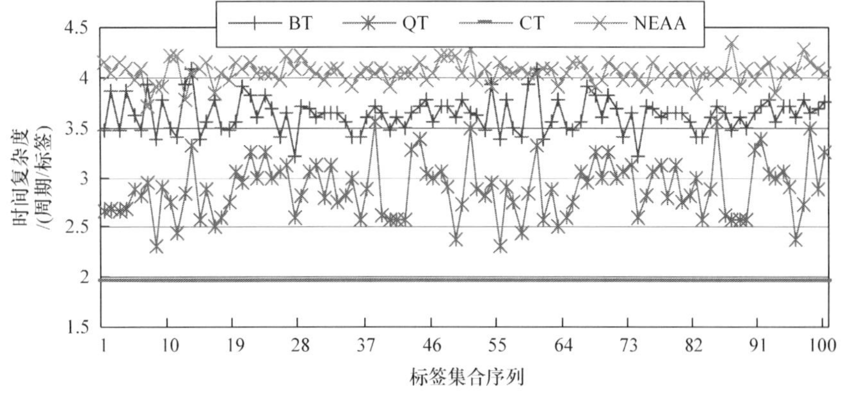

图 5-11　不同标签集合下 CT 算法时间复杂度的稳定性

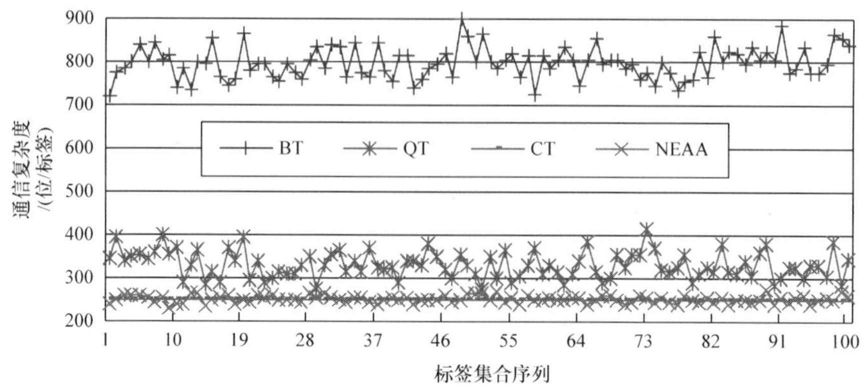

图 5-12　不同标签集合下 CT 算法通信复杂度的稳定性

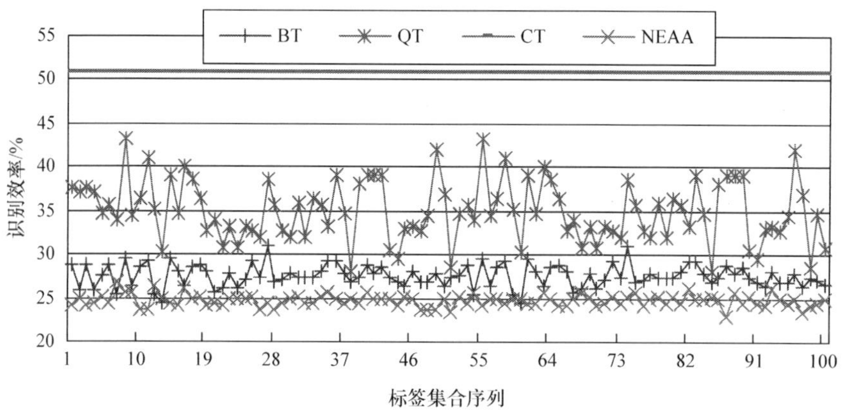

图 5-13　不同标签集合下 CT 算法识别效率的稳定性

而且,对于采用生成随机数的方法,进行标签分组的防碰撞算法,如 BT 算法,由于每次生成的随机数可能不一样,所以,即使是对相同标签集合的多次识别,所得到的识别性能也可能存在较大差异。同理,基于 ALOHA 的时隙类防碰撞算法,采用标签生成的随机数作为时隙号,选取时隙进行数据传送,所以,它们的识别性能也是不稳定的。

5.4.6　编号长度对碰撞树算法稳定性的影响

根据实际使用范围和应用需求,RFID 系统中标签编号的长度可以为 64 位、96 位、128 位,甚至 256 位。在前面的实验分析中,选取标签编号的长度为 96 位。为了适应不同环境的需要,本部分主要考察在不同编号长度的多标签识别环境下 CT 算法的性能稳定性。

在均匀分布条件下，即 S1 条件下，选取三种典型的标签编号长度，即 64 位、96 位、128 位，进行多标签识别实验。对所采集到的实验数据进行统计和分析，得到 CT 算法、BT 算法、QT 算法、NEAA 的平均时间复杂度和识别效率曲线，如图 5-14 和图 5-15 所示。

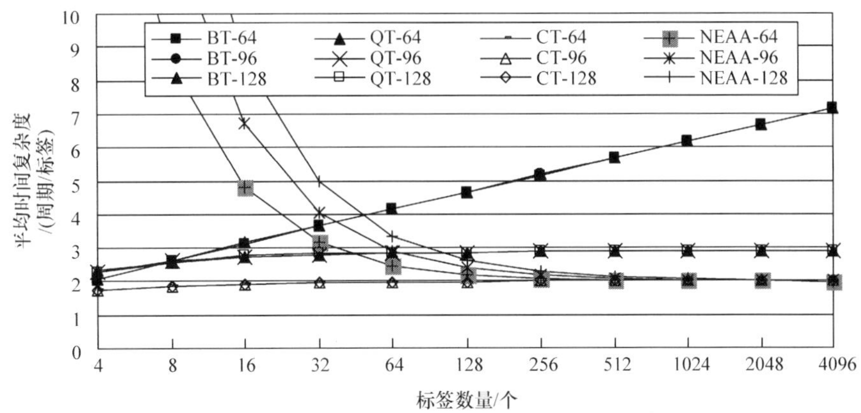

图 5-14 不同编号长度对 CT 算法平均时间复杂度的影响

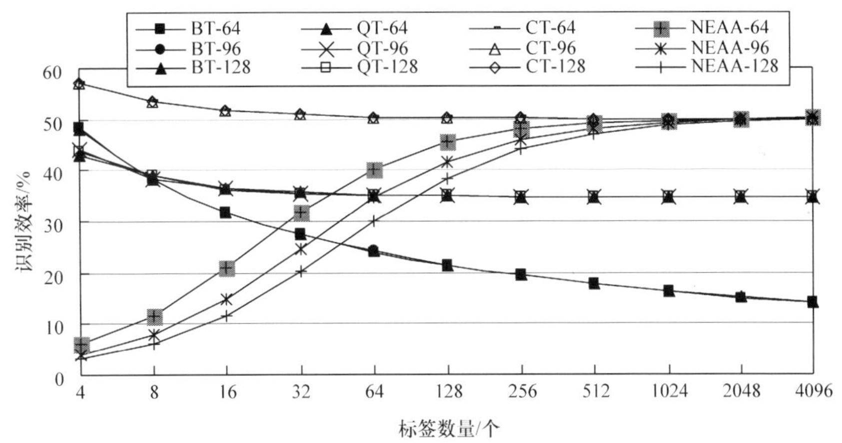

图 5-15 不同编号长度对 CT 算法识别效率的影响

从图 5-14 和图 5-15 可以看出，CT 算法、QT 算法、BT 算法的平均时间复杂度和识别效率对标签编号长度不敏感，三种编号长度的实验结果曲线相互重合。但是，三种算法形成这种结果的原因是不同的。CT 算法的性能曲线重合，是因为 CT 算法是一种稳定的防碰撞算法，其识别性能本身不受标签编号长度的影响。QT 算法在对标签编号的有限长度搜索中，就能完成标签的识别，所以，QT 算法的识别性能对标签编号长度不是很敏感。BT 算法采用了生成随机数的方式来分裂标签，与标签编号的长度没有必然关系，因此，BT 算法的识别性能也不受标签编号长度的影响。但是，NEAA 的识别性能明显受到标签编号长度的影响，因为，在 NEAA 中，标签编号的长度被用于决定初始识别时标签分组的数量。而且待识别标签数量与标签编号的长度之间的对比数量关系也会影响 NEAA 的识别性能。

当然，由于标签编号是标签识别和通信过程中必须传输的基本数据信息，所以，各种防碰撞算法的平均通信复杂度对标签编号的长度变化都比较敏感。通常，标签编号越长，算法的平均通信复杂度越高，如图 5-16 所示。平均通信复杂度的增加，系统的通信能耗也随之增加，特别是对有源标签的寿命会产生较大的影响，因此，也就有一些采用临时短编号（通常为 16 位随机数）的防碰撞算法被提出来。

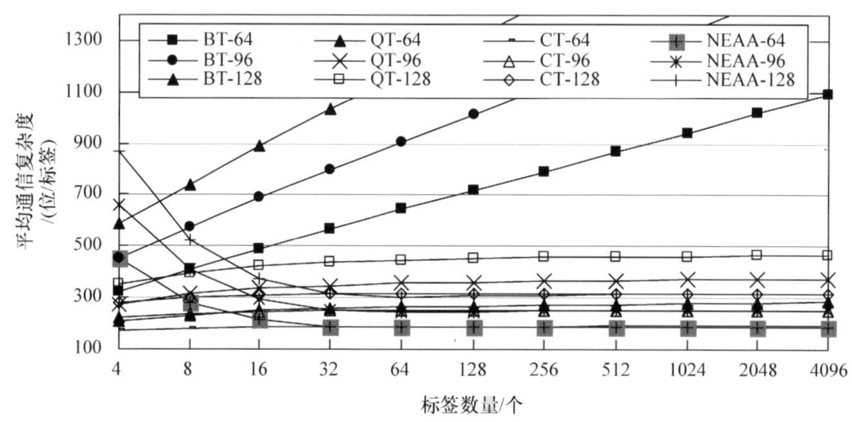

图 5-16　不同编号长度对 CT 算法平均通信复杂度的影响

综上所述，CT 算法的时间复杂度、通信复杂度、识别效率等主要性能指标不会因为标签编号的分布形式、连续或非连续程度、实验样本集合的变化等因素的改变而发生变化，同时，CT 算法的时间复杂度和识别效率也不受标签编号长度的影响。所以，根据防碰撞算法稳定性的定义，以及 CT 算法实验数据的分析结果，可以得出结论，CT 算法是一种稳定的 RFID 多标签识别防碰撞算法。

5.5　小　　结

本章提出了防碰撞算法稳定性的概念，给出了防碰撞算法稳定性的定义和计算方法，完善了 RFID 多标签识别防碰撞算法的性能衡量指标体系，为防碰撞算法的分析和评价提供了新的方法，也为 CT 算法的理论分析和实际应用奠定了基础。

本章通过对 CT 算法性能的理论分析，证明了 CT 算法的性能只与待识别标签数量有关，而不受其他因素的影响，因此 CT 算法是一种稳定的防碰撞算法。根据实际情况，本章建立了多种实验分析场景，并设计完成了基于 FPGA 的算法实验仿真平台，通过实验进一步验证了 CT 算法性能的稳定性。综合理论和实验两方面的结果，可知 CT 算法是一种稳定的、高性能的 RFID 多标签识别防碰撞算法。

作为一种稳定的防碰撞算法，CT 算法的时间复杂度、通信复杂度、识别效率是可预先计算的常数。这就意味着：在实际生产和应用中，CT 算法的标签识别时间、系统能耗等性能指标是可预测、可控制的。在流水线生产、自动化控制、实时数据采集等生产应用领域，完成一组标签识别的识别时间和系统能耗通常都有较为严格的定量控制要求，CT 算法可以广泛应用于这些场合，完成对 RFID 多标签的同时识别。

由于 CT 算法完全消除了 RFID 多标签识别过程中可能出现的空周期，将 RFID 多标签识别效率提高到 50%以上，打破了多标签识别效率的瓶颈，并且算法识别性能稳定，可以采用碰撞树结构对算法进行描述和分析，因此，CT 算法开启了基于碰撞树的防碰撞算法系列，并成为该算法系列的代表算法和基础算法，为后续基于碰撞树的防碰撞算法的研究和应用奠定了基础。

第 6 章　连续分布 RFID 多标签识别技术

6.1　引　　言

通常，在 RFID 多标签识别技术研究中，主要考虑了 RFID 标签编号均匀分布的情况或者以均匀分布为研究背景，而在实际生产应用中，标签编号还存在其他一些分布方式。例如，在大型货仓、集装箱码头、生产流通环节的出入口等应用场合，存在大量同厂家生产的同种类同批次物品，根据 RFID 标签编号和使用规则，这些物品的标签编号主要为连续分布。而且，这些应用场合对多标签识别的速度、效率等性能有着较高的要求，需要快速准确地完成这些附着标签的物品的识别和盘点。因此，需要针对标签编号的不同分布形式，建立高效的多标签识别防碰撞算法，以满足特定应用场合的实际需要。

CT 算法以其独有的特征和稳定的识别性能，开启了基于碰撞树的防碰撞算法系列，形成了防碰撞算法研究的新起点，为新的防碰撞算法研究奠定了基础。本章在碰撞树和 CT 算法基础上，根据二元确定性原理，提出改进型碰撞树(improved collision tree，ICT)算法。ICT 算法将标签编号连续分布作为主要研究和应用背景，根据连续分布编号的特征，优化防碰撞算法，有效地将标签编号连续分布状态下多标签识别的效率提高到 100%；即使在最坏条件，即标签编号连续分布条件下，ICT 算法的识别效率也在 50%以上。所以，ICT 算法在满足一般多标签识别场合应用需求的同时，特别适用于标签编号连续或部分连续分布的 RFID 多标签识别应用系统。

本章后续内容主要包括如下几个方面：

6.2 节为二元确定性原理，简述二元确定性原理的基本概念，以及在标签识别过程中的作用。

6.3 节为 ICT 算法，介绍 ICT 算法的基本思路、算法过程，并给出 ICT 算法的 RFID 多标签识别实例。

6.4 节为 ICT 算法性能分析，分析介绍 ICT 算法的时间复杂度、通信复杂度、识别效率等主要识别性能。

6.5 节为仿真实验及数据分析，对 ICT 算法进行仿真实验验证，并对实验结果进行分析说明。

6.2　二元确定性原理

根据 RFID 多标签识别的基本原理，以及 RFID 标签编号唯一性的要求，在 RFID 应用系统中，标签编号的每一位只存在两种可能取值，即“0”和“1”，且每一次只能取其中之一，即“0”或“1”。同时，根据标签编号中每一位二进制位的取值情况，正好可以将标签集合中的标签分为两个确定的集合。其中一个集合中，标签编号的该位为“1”，而另一个集合中，标签编号的该位为“0”。这种标签编号中位的二元性与标签集合划分的二元性，以及它们之间严格的相互确定关系，即为二元确定性原理(duality and certainty principle)[21]。

根据二元确定性原理，在标签识别过程中，如果只有一位发生了碰撞，则发生碰撞的标签集合中，一定只有两个标签存在，且这两个标签的编号中，发生碰撞数据位的值分别为“0”和“1”，而两个标签的编号中其他数据位相同。也就是说，在多标签识别过程中，如果只有一位发生碰撞，则阅读器可以根据二元确定性原理，判定此时只有两个标签响应了阅读器的请求，并能通过指派发生碰撞的数据位的值分别为“0”和“1”来获取两个标签的编号。因此，阅读器就可以在一个查询识别周期中完成两个标签的同时识别，而无须继续进行查询，分别对它们进行识别。

例如，在一次查询请求中，阅读器收到标签响应为“10x1”，其中“x”代表碰撞位，则根据二元确定性原理，阅读器能够通过指派“x”的值分别为“0”和“1”，同时识别到这两个标签，且它们的编号分别为“1001”和“1011”。

6.3　改进型碰撞树算法

根据二元确定性原理，在 CT 算法基础上，提出了 ICT 算法[21]。ICT 算法仍然采用曼彻斯特编码作为标签响应阅读器时的数据编码方式，以此获取响应信号串中的正确数据位，以及碰撞位的准确位置。同时，ICT 算法采用堆栈作为搜索前缀的缓冲池，初始时，一个空串被压入堆栈。ICT 算法的基本执行过程如下所示。

步骤 1：阅读器从堆栈中弹出一个前缀(prefix)，并以 prefix 为参数，发送查询命令 Query(prefix)。prefix 的长度记为 k，其中，$0 \leqslant k < n$，n 为标签编号的长度。初始搜索时，前缀为空串，所以，首次查询搜索中，$k=0$。

步骤 2：收到阅读器查询命令的待识别标签，将自己的编号与收到的 prefix 进行比较，如果其编号的前 k 位与 prefix 相同，则将其编号后面的 $n-k$ 位发送出去，以响应阅读器的查询命令。首次查询时，$k=0$，所有待识别标签将其完整的编号发送给阅读器，以响应阅读器的查询请求。

步骤 3：阅读器接收来自标签的响应，如果收到的位串(bitsString)中没有发生碰撞,则阅读器识别到一个标签,且该标签的编号为 prefix 与所收到的 bitsString 的串接(concatenation)。

步骤 4:如果收到的 bitsString 中发生了碰撞,且只有一位发生了碰撞,记为 D_c,则根据二元确定性原理,阅读器同时识别到两个标签,它们的编号为 prefix 与 bitsString 的串接,但碰撞位 D_c 分别为"0"和"1"。

步骤 5:如果在收到的 bitsString 中有两位或多位发生碰撞,记第一位碰撞位为 D_f,则阅读器生成两个新的搜索前缀,并将它们压入(pushing)堆栈。这两个新前缀由当前使用的前缀 prefix 与收到的正确数据位的串接,并在其后分别附加上"0"和"1"构成。

步骤 6:阅读器从堆栈中弹出一个前缀,重复上述过程,直到堆栈为空。堆栈为空,表示前缀缓冲池中前缀已经使用完,即已经完成了所有标签的识别。

从上述算法过程可以看出,在 ICT 算法中,标签的响应只与当前收到的查询前缀有关,而与之前阅读器之间的查询和响应历史无关,因此,ICT 算法也属于非记忆防碰撞算法,可以应用于无源被动 RFID 多标签识别应用系统,解决标签碰撞问题。

图 6-1 给出了 ICT 算法的一个实例,即采用 ICT 算法识别标签组{10100,10110,11001,11011}的过程。由于 ICT 算法仍然采用碰撞位作为分裂标签集合的手段,所以,ICT 算法的识别过程仍然可以采用碰撞树结构进行描述。图 6-1(a)中的虚线框和图 6-1(b)中的虚线圈部分及连线,在 ICT 算法的实际识别过程中是不存在的,保留它们只是为了便于分析和理解。同时,为了便于比较和讨论,图 6-2 中给出了采用 CT 算法识别标签组{10100,10110,11001,11011}的基本过程,以及相应的碰撞树结构。通过图 6-1 和图 6-2 的对比,可以清楚地理解 ICT 算法与 CT 算法之间的关系,方便进一步分析和讨论 ICT 算法的识别性能。

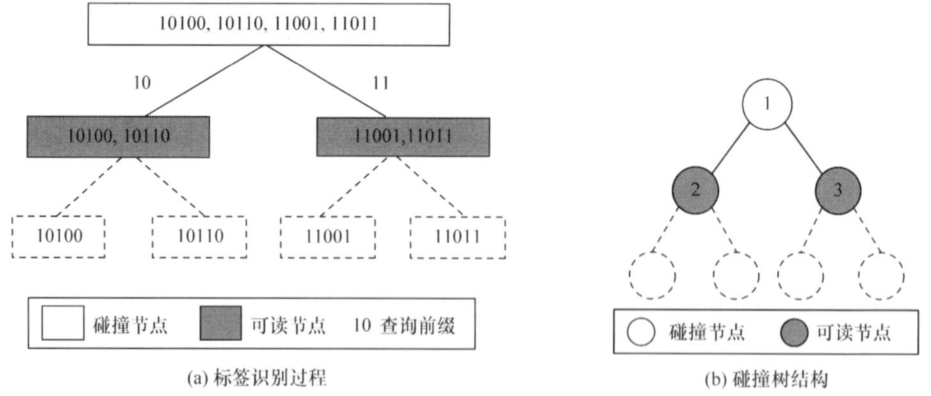

图 6-1　二元确定性 ICT 算法的多标签识别过程

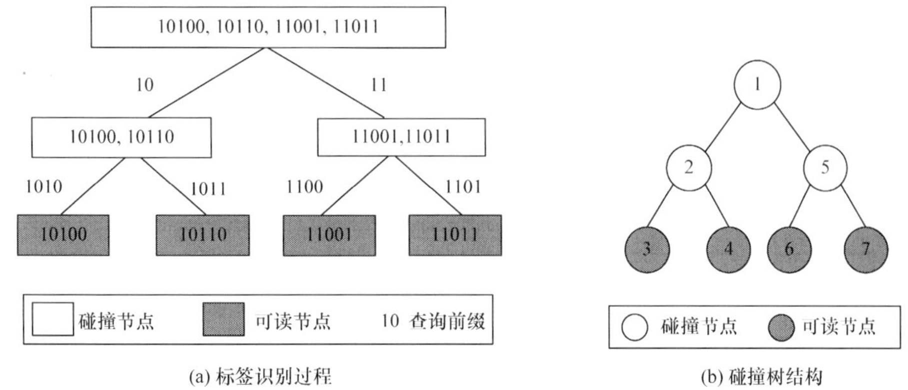

(a) 标签识别过程　(b) 碰撞树结构

图 6-2　CT 算法识别图 6-1 所示标签的基本过程

如图 6-2 所示，采用 CT 算法对标签组{10100，10110，11001，11011}进行识别，阅读器经过 7 个查询周期，完成对这组标签的识别。在每次碰撞发生时，阅读器生成两个新前缀，并根据前缀继续查询搜索，直到完成所有标签的识别。在 CT 算法的识别过程中，没有空周期，所有标签均在碰撞树的叶节点得到识别。

而采用 ICT 算法，经过 3 个查询周期，阅读器就能够完成对这组标签的识别，如图 6-1 所示。其中，在第 2 个查询周期，阅读器收到的数据位串（含当前查询前缀“10”）为“101x0”，其中只有一位发生碰撞，根据二元确定性原理，阅读器通过指派碰撞位“x”的值分别为“0”和“1”，获得两个标签的编号，即识别到两个标签“10100”和“10110”。进而，也就省去了 CT 算法中的第 3 个和第 4 个查询周期所做的搜索工作，如图 6-2 所示。

同理，在 ICT 算法的第 3 个查询周期，阅读器收到的数据位串（含当前搜索前缀“11”）为“110x1”，阅读也通过指派碰撞位“x”的值，获得两个标签的编号，在一次查询中，同时识别到两个标签“11001”和“11011”，因而，省去了 CT 算法中对第 6 号和第 7 号节点的搜索过程。

所以，在这组标签的识别过程中，ICT 算法省去了 CT 算法中对叶节点的搜索，在碰撞树的中间节点即可完成全部标签的识别，如图 6-1 和图 6-2 所示，减少了多标签识别过程中阅读器的查询次数和搜索深度，提高了多标签的识别效率。当然，根据标签编号的分布情况，ICT 算法中也可能存在一个查询周期只能识别到一个标签的情况，也就是，阅读器也需要搜索到树型结构中的叶节点，才能完成对标签的识别。6.4 节的图 6-3 给出了 ICT 算法的另一个实例，说明了这一情况。

6.4 改进型碰撞树算法性能分析

由于 ICT 算法是在 CT 算法的基础上引入二元确定性原理而提出的新算法，ICT 算法的识别过程仍然可以采用碰撞树进行描述，因此，可以在 CT 算法的基本性能基础上，根据碰撞树的基本性质，以及二元确定性原理的基本概念，对 ICT 算法的基本性能进行分析和讨论。

由碰撞树的定义，碰撞树为满二叉树，碰撞树的中间节点与多标签识别过程中发生碰撞的碰撞周期一一对应，而碰撞树的叶节点与可识别标签的可读周期一一对应，如图 6-1 和图 6-2 所示。同时，CT 算法和 ICT 算法中没有空周期，相应碰撞树中也没有空节点，所以，算法完成标签组识别所需的查询-响应周期数等于对应碰撞树中的节点总数。

由第 4 章的分析和讨论，碰撞树中的节点总数为

$$N=2n_0-1 \tag{6-1}$$

其中，n_0 为碰撞树中叶节点的数量。由于在 CT 算法中，碰撞树的叶节点数量 n_0 与待识别标签数量 n 相等，即

$$n=n_0 \tag{6-2}$$

所以，式(6-1)可写为

$$N=2n-1 \tag{6-3}$$

6.4.1 时间复杂度

本部分主要分析和讨论在标签编号连续分布条件下 ICT 算法的主要性能指标。6.5 节实验及数据分析部分将给出在均匀分布和不同连续度分布条件下 ICT 算法的性能特征及变化趋势。

首先，我们给出两个事实作为后面性能分析的基础。设两个标签的编号分别为 D_i 和 D_j，其中，D_i 和 D_j 均为二进制数，且 $D_j=D_i+1$，即两个标签的编号连续，根据二元确定性原理，以及 ICT 算法和 RFID 多标签识别的基本过程，可以得到如下两个事实。

【事实 6-1】 如果 D_i 为偶数，由于 $D_j=D_i+1$，不会产生进位，所以 D_j 为奇数，且 D_i 和 D_j 中只有一位不同，如“1010”和“1011”，即只有最末一位不同。因此，根据二元确定性原理，这两个标签能够在同一个查询识别周期被同时识别。

【事实 6-2】 如果 D_i 为奇数，由于 $D_j=D_i+1$，在加 1 过程中必定产生进位，所以 D_j 为偶数，且 D_i 和 D_j 中至少有两位不同，如“1001”和“1010”或“1011”和“1100”，即至少最末两位不同。因此，根据 ICT 算法的基本过程，这两个标签被划分到不同的分组中，不可能在同一个查询识别周期中被同时识别。

基于上述两个事实，以及 CT 算法的时间复杂度，可以讨论 ICT 算法的时间复杂度。设 $D_1, D_2, \cdots, D_n$ 为待识别标签组的标签编号，其中，D_1 为第一个标签的编号，D_n 为最后一个标签的编号，$D_{i+1}=D_i+1, 0<i<n$，n 为待识别标签数量。因此，这组标签的编号为连续分布。

设 $T(n)$ 为 ICT 算法的时间复杂度，分如下四种情况进行讨论。同时，设这四种情况下 ICT 算法的时间复杂度分别为：$T_a(n)$、$T_b(n)$、$T_c(n)$、$T_d(n)$，则有：

(1) 如果 D_1 和 n 同时为偶数，则根据事实 6-1，从第一个标签开始，每相邻两个标签构成一个可被同时识别的标签对，全部标签都在某一个标签分组中与另一个标签一起被 ICT 算法同时识别。也就是说，在对应 CT 算法的碰撞树结构中，每一个标签都在其双亲节点中被成功识别，即 CT 算法对应的碰撞树中的每一个叶节点都不会被搜索或查询。因此，与 CT 算法相比，ICT 算法减少搜索 n 个节点，或阅读器减少 n 次查询。所以，结合式(6-3)，在这种情况下，ICT 算法的时间复杂度为

$$T_a(n)=N-n=n-1 \tag{6-4}$$

其中，n 为待识别标签数量。

(2) 如果 D_1 为奇数，而 n 为偶数，则根据事实 6-1 和事实 6-2，除了第一个标签 D_1 和最后一个标签 D_n 以外，其余标签一起构成的集合满足情况(1)所述的条件。也就是说，一共有 $n-2$ 个标签构成能够满足事实 6-1 的标签对，在阅读器的一次查询中被同时识别。因此，与 CT 算法相比，ICT 算法减少查询搜索次数为 $n-2$。所以，结合式(6-3)，在这种情况下，ICT 算法的时间复杂度为

$$T_b(n)=N-(n-2)=n+1 \tag{6-5}$$

(3) 如果 D_1 为偶数，而 n 为奇数，则根据事实 6-1 和事实 6-2，除了最后一个标签 D_n 以外，其余标签一起构成的集合满足情况(1)所述的条件。也就是说，一共有 $n-1$ 个标签能够构成满足事实 6-1 的标签对，在阅读器的一次查询中被同时识别。因此，与 CT 算法相比，ICT 算法减少查询搜索次数为 $n-1$。所以，在这种情况下，ICT 算法的时间复杂度为

$$T_c(n)=N-(n-1)=n \tag{6-6}$$

(4) 如果 D_1 和 n 同时为奇数，则根据事实 6-1 和事实 6-2，除了第一个标签 D_1 以外，其余标签一起构成的集合满足情况(1)所述的条件。也就是说，一共有 $n-1$ 个标签能够构成满足事实 6-1 的标签对，在阅读器的一次查询中被同时识别。因此，与 CT 算法相比，ICT 算法减少查询搜索次数为 $n-1$。所以，在这种情况下，ICT 算法的时间复杂度为

$$T_d(n)=N-(n-1)=n \tag{6-7}$$

由于 D_1 和 n 为偶数或奇数的概率相等，所以，上述四种情况等概率发生，ICT 算法的时间复杂度为四种情况的均值。因此，由式(6-4)～式(6-7)，可以得到 ICT

算法的时间复杂度为

$$T(n)=\frac{T_a(n)+T_b(n)+T_c(n)+T_d(n)}{4}=n \tag{6-8}$$

6.4.2 通信复杂度

设 $C(n)$ 为 ICT 算法的通信复杂度，$C_R(n)$ 为 ICT 算法的阅读器通信复杂度，$C_T(n)$ 为 ICT 算法的标签通信复杂度，其中 n 为待识别标签数量，则有

$$C(n)=C_R(n)+C_T(n) \tag{6-9}$$

设 l_{com} 为标签识别过程中阅读发送的命令字的长度，$l_{pre.i}$ 为识别周期 i 中阅读器发送的搜索前缀的长度，$l_{rep.i}$ 为识别周期 i 中标签响应阅读器请求时发送的二进制位串的长度，则式(6-9)可细化为

$$C(n)=\sum_{i=1}^{T(n)}(l_{com}+l_{pre.i})+\sum_{i=1}^{T(n)}(l_{rep.i}) \tag{6-10}$$

其中，$T(n)$ 为完成 n 个标签识别需要的识别周期数，即 ICT 算法的时间复杂度，如式(6-8)所示。

根据 ICT 算法的识别过程，虽然在一个识别周期中，$l_{pre.i}$ 和 $l_{rep.i}$ 为两个不同的变量，但是它们正好为标签编号中两个不同的部分，且满足

$$l_{ID}=l_{pre.i}+l_{rep.i} \tag{6-11}$$

其中，l_{ID} 为标签编号的长度。

由式(6-8)、式(6-10)、式(6-11)，可以得到 ICT 算法的通信复杂度为

$$\begin{aligned} C(n) &= \sum_{i=1}^{T(n)}(l_{com}+l_{ID}) \\ &=T(n)(l_{com}+l_{ID}) \\ &=n(l_{com}+l_{ID}) \end{aligned} \tag{6-12}$$

6.4.3 识别效率

根据 RFID 防碰撞算法识别效率的定义，ICT 算法的识别效率 $E(n)$ 为

$$E(n)=n/T(n) \tag{6-13}$$

其中，$T(n)$ 为 ICT 算法的时间复杂度，如式(6-8)所示。

如果标签集合中的所有标签编号均不连续，则所有标签均无法与其他标签构成可同时被识别的标签对。也就是，每一个标签都需要在一个单独的识别周期被阅读器逐个识别。这时，ICT 算法进入其最坏情况(worst case)。在这种情况下，所有标签均需要被单独查询识别，因此，ICT 算法的时间复杂度与 CT 算法的时间复杂度相等。所以，由式(6-3)，在最坏情况下，ICT 算法的时间复杂度为

$$T(n)=N=2n-1 \tag{6-14}$$

相应地，在最坏情况下，ICT 算法的识别效率为

$$E(n)=n/T(n)=n/(2n-1) \tag{6-15}$$

由于 n 是一个正整数，有

$$E(n)>50\% \tag{6-16}$$

所以，即使在最坏情况下，ICT 算法的识别效率也始终超过 50%。

图 6-3 给出了 ICT 算法的另一个多标签识别实例。在该实例中，10 个标签构成的标签组为{0001，0010，0011，0101，0110，0111，1010，1011，1100，1101}。这些标签的编号不完全连续。采用 ICT 算法完成这 10 个标签的识别仅需要 11 个识别周期，其识别效率达到 90%以上。因此，即使在标签编号分布不连续或部分连续的情况下，ICT 算法也能够有效地提高多标签识别的性能，并且使标签识别效率保持在 50%以上。6.5 节将给出相关场景下的仿真实验及结果分析。

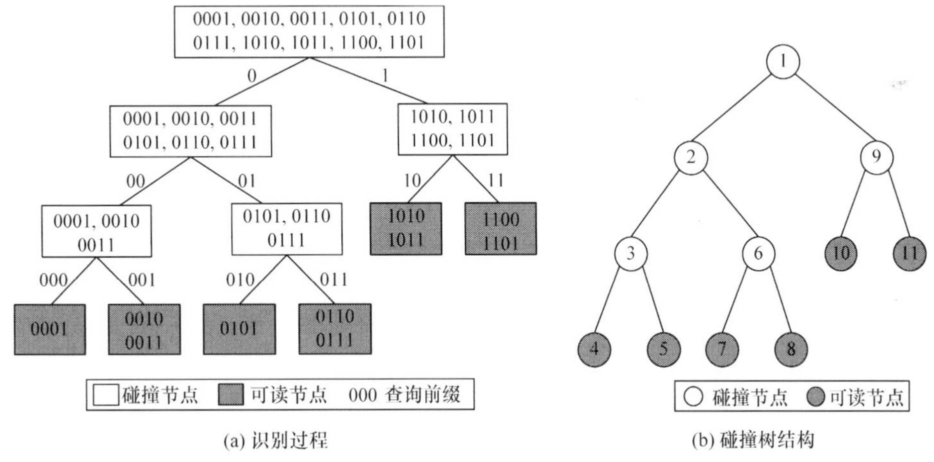

图 6-3　ICT 算法的多标签识别实例

另外，从图 6-1 和图 6-3 ICT 算法的识别过程，以及描述这一过程的树型结构（即碰撞树）可以看出：ICT 算法对应的碰撞树中，叶节点（可读节点）和中间节点（碰撞节点）的概念，以及它们之间的关系仍然满足第 4 章中碰撞树的定义，以及碰撞树的基本性质。但是，CT 算法在其叶节点处，只能识别到一个标签，而 ICT 算法在其叶节点处可能识别到一个或两个标签。所以，在 ICT 算法的碰撞树中，叶节点的数量与识别标签的数量之间没有必然相等的关系。

6.5　仿真实验及数据分析

本部分主要对 ICT 算法与 CT 算法、QT 算法、BT 算法、NEAA 进行实验对比分析，以验证 ICT 算法的多标签识别性能。仿真实验中，待识别标签数量从 4

个增加到 4096 个，标签编号长度为 96 位；选用两个必要的通信命令：Query 命令(22 位)用于阅读器查询标签；ACK 命令(18 位)用于阅读器通知标签已经识别成功，并使标签休眠。根据标签编号分布情况，选用如下三个实验场景，进行 ICT 算法及相关算法的多标签识别实验。

S1：标签组中标签的编号连续分布，即第一个标签的编号随机生成，其后的标签依次由前一个标签的编号递增 1 获得。

S2：标签组中标签的编号均匀分布，即每一个标签编号中的每一位等概率地获得取值"0"或"1"，但标签组中的每一个编号唯一。

S3：标签组中标签的编号部分连续，连续度从 −9 到 −1，且可变部分位于标签编号的前端，可变部分中的每位随机取得"0"或"1"，同时，保持标签组中每一个编号的唯一性。

6.5.1　连续分布下改进型碰撞树算法的性能

图 6-4～图 6-6 分别给出了在标签编号连续分布条件下，ICT 算法的平均时间复杂度、平均通信复杂度、识别效率性能曲线。

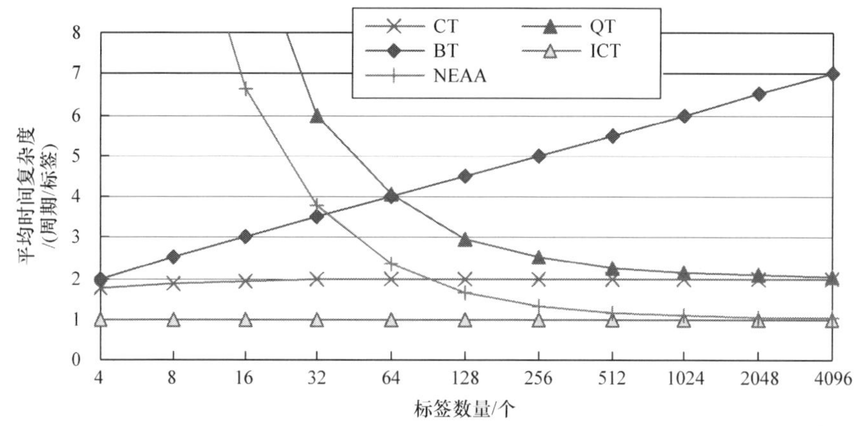

图 6-4　连续分布下 ICT 算法的平均时间复杂度

从图 6-4 可以看出，采用 ICT 算法平均一个识别周期就能够识别到一个标签，而 CT 算法平均需要两个识别周期完成一个标签的识别。QT 算法与 BT 算法在标签编号连续分布的状态下，平均时间复杂度性能与 ICT 算法相差甚远。随着标签数量的增加，BT 算法的平均时间复杂度逐渐增加。由于连续标签编号按照递增 1 的方式生成，因此，标签编号中可变部分位于编号的后端，所以，当标签数量较少时，QT 算法的平均时间复杂度较高，而随着标签数量的增加，QT 算法的平均时间复杂度反而会降低。但其平均时间复杂度均高于 ICT 算法的平均时间复杂度。

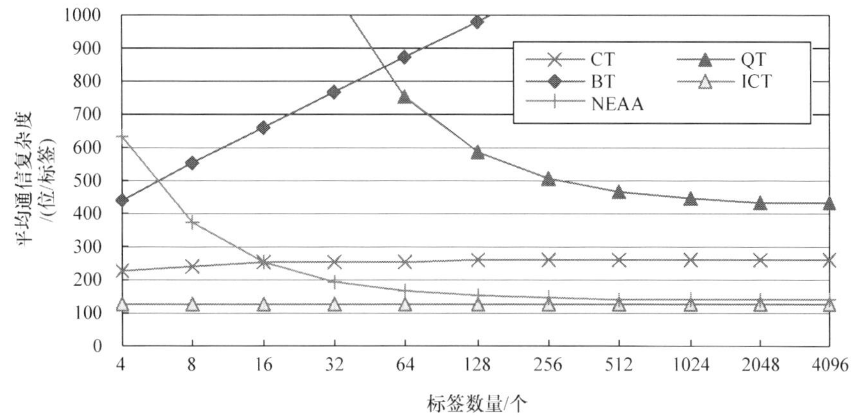

图 6-5　连续分布下 ICT 算法的平均通信复杂度

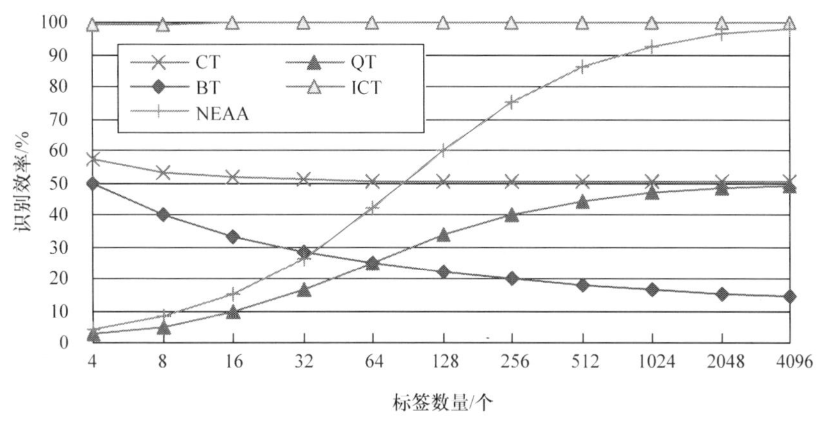

图 6-6　连续分布下 ICT 算法的识别效率

当标签数量较大时，NEAA 的时间复杂度趋近于 ICT 算法的时间复杂度。这主要是因为在标签编号连续分布条件下，随着标签数量的增加，采用 NEAA 进行识别时，随着识别进程的推进，更多的标签分组达到 NEAA 所提出的事实 3-1 的要求，即标签分组中待识别编号部分只包含一个“1”或者一个“0”。这样，NEAA 就可以在一个查询周期中，同时完成对多个标签的识别，以减少查询周期数，进而提高标签识别效率。

在通信复杂度方面，如图 6-5 所示，ICT 算法仍然具有明显的优势，由于查询次数的减少，ICT 算法的平均通信复杂度几乎只有 CT 算法平均通信复杂度的一半。由于 QT 算法、BT 算法、NEAA 在标签识别过程中，标签采用了满编号长度响应阅读器的请求，而在 ICT 算法中，标签和阅读器省去了冗余部分数据位的传送，所以 QT 算法、BT 算法、NEAA 的平均通信复杂度和系统能耗都远高于 ICT 算法。当然，随着标签数量的增加，NEAA 的平均通信复杂度也会降低，这也是因为随着标签数量增加,越来越多的标签分组满足了事实 3-1 的条件,因而被阅读器同时识别。

如图 6-6 所示,ICT 算法在识别效率上也明显优于其他防碰撞算法。在连续分布条件下,ICT 算法的识别效率能够达到 100%,CT 算法的识别效率为 50%,其他防碰撞算法(QT 算法、BT 算法)的识别效率低于 50%。同样,在 NEAA 中,随着标签数量的增加,更多分组中的标签可以在一次查询中被同时识别,减少了阅读器的查询周期数,所以,NEAA 的识别效率逐渐升高,并接近 ICT 算法的识别效率。

6.5.2 均匀分布下改进型碰撞树算法的性能

在标签编号均匀分布条件下,ICT 算法的平均时间复杂度、平均通信复杂度、识别效率曲线,分别如图 6-7～图 6-9 所示。

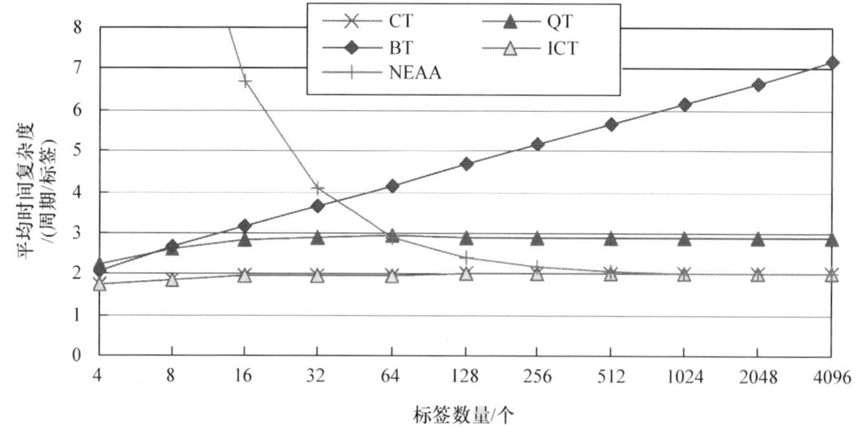

图 6-7　均匀分布下 ICT 算法的平均时间复杂度

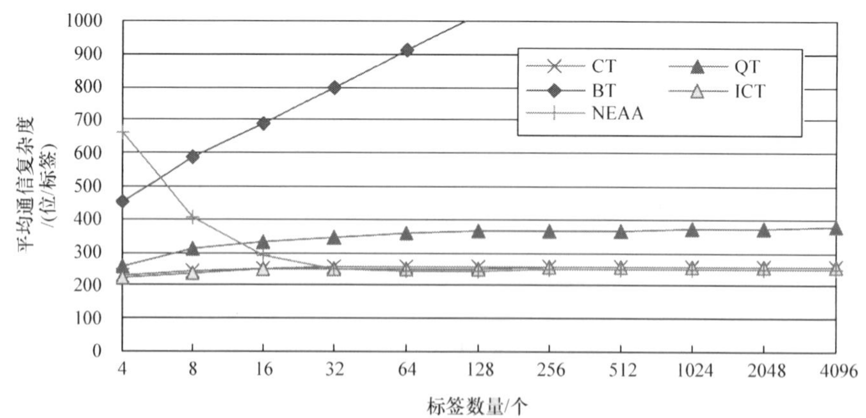

图 6-8　均匀分布下 ICT 算法的平均通信复杂度

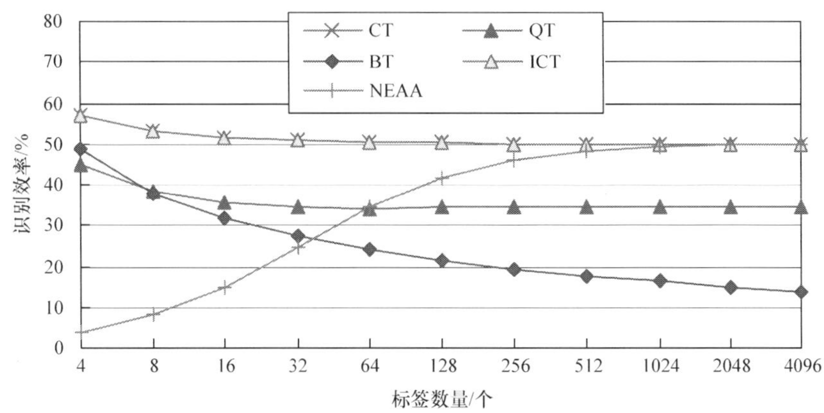

图 6-9　均匀分布下 ICT 算法的识别效率

在标签编号均匀分布条件下，ICT 算法平均也只需要两个识别周期就能识别到一个标签，而 QT 算法、BT 算法完成相同数量标签识别时，需要更多的查询次数，如图 6-7 所示。在平均通信复杂度和系统能耗等方面，ICT 算法也具有明显的优势。在识别效率上，ICT 算法的识别效率始终在 50%以上，高于除 CT 算法外的其他防碰撞算法，如图 6-9 所示。所以，总体来说，即使在标签编号均匀分布的条件下，ICT 算法的识别性能也具有明显的优势，超过除 CT 算法外的其他防碰撞算法。

同时，图 6-7～图 6-9 还表明：在标签编号均匀分布的条件下，ICT 算法的时间复杂度、通信复杂度、识别效率等性能曲线与 CT 算法的性能曲线几乎重合。也就是说，在标签编号均匀分布条件下，ICT 算法的识别性能与 CT 算法的识别性能基本一致。这主要是因为在仿真实验设置环境中，每个标签的编号长度为 96 位，按照连续度的计算方式，当标签数量为 4096 时，标签组的连续度为－84，所以，标签组中存在编号连续的概率微乎其微，几乎不存在两个标签编号连续的情况。因此，在这种情况下，二元确定性原理不能发挥作用，ICT 算法处于其最差性能状态。但是，即使在最坏的情况下，ICT 算法的识别性能也与 CT 算法的识别性能相当，而优于其他 RFID 多标签识别防碰撞算法的识别性能。

6.5.3　不同连续度下改进型碰撞树算法的性能

在实际 RFID 多标签应用系统中，标签编号除了均匀分布和连续分布外，还存在大量标签编号介于连续分布和均匀分布之间的分布情况，即标签编号按不同连续度进行分布的应用场景。

本部分主要讨论标签编号按不同连续度进行分布的条件下，ICT 算法的识别性能及其变化趋势。图 6-10～图 6-12 分别给出了标签编号不同连续度分布下，采用 ICT 算法识别不同数量的标签，所得到的平均时间复杂度、平均通信复杂度和识别效率曲线。

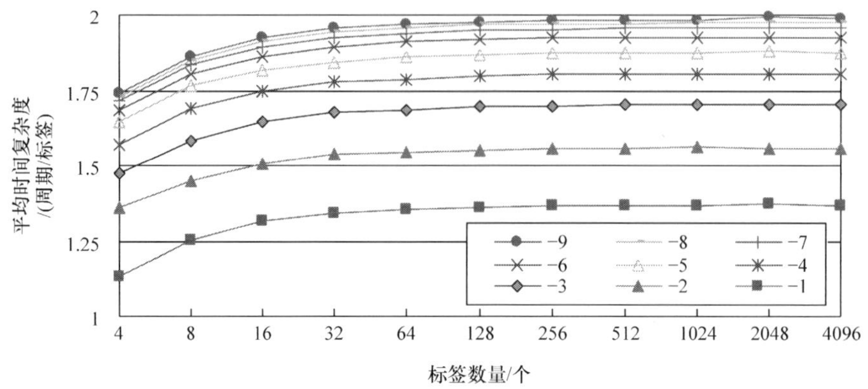

图 6-10　不同连续度分布下 ICT 算法的平均时间复杂度

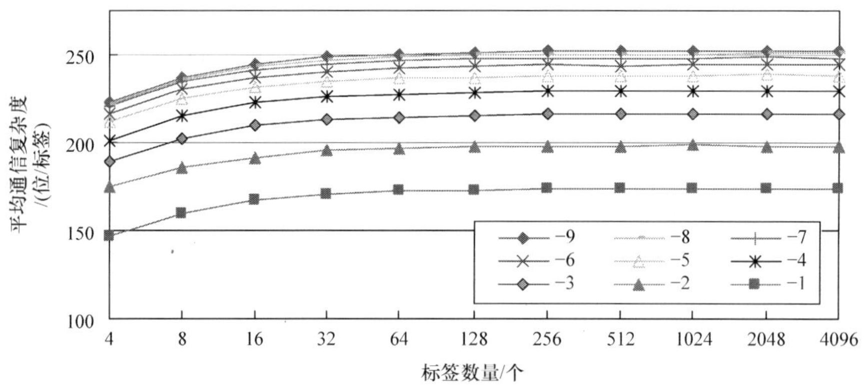

图 6-11　不同连续度分布下 ICT 算法的平均通信复杂度

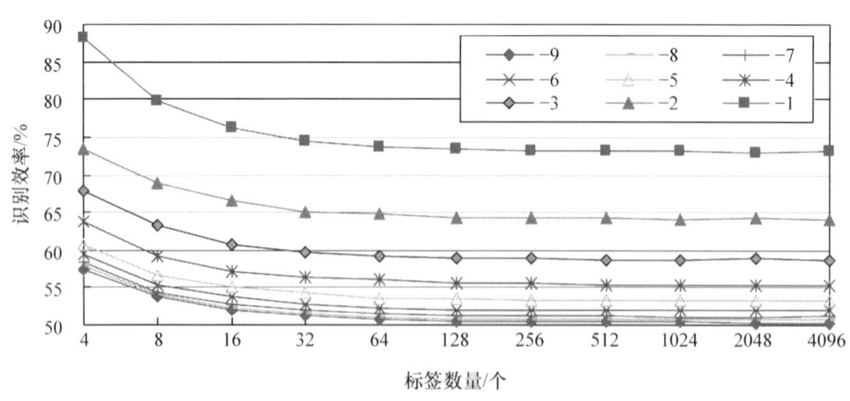

图 6-12　不同连续度分布下 ICT 算法的识别效率

从前面的讨论中，当标签组中标签编号均匀分布时，ICT 算法平均两个识别周期完成一个标签识别，如图 6-7 所示。当标签组中标签编号连续分布时，ICT 算法平均只需要一个识别周期，即可完成一个标签的识别，如图 6-4 所示。当标签组中标签编号按照不同连续度进行分布时，ICT 算法的平均时间复杂度介于均匀分布和连续分布的性能之间，如图 6-10 所示。

随着连续度从－9 增加到－1，ICT 算法的平均时间复杂度，即平均完成一个标签识别所需要的识别周期数，从接近 2 个减少到 1.35 个左右，如图 6-10 所示。相应地，ICT 算法的识别效率也从 50%增加到 75%左右，如图 6-12 所示。同时，标签识别过程中所传输的数据量，即平均通信复杂度，也显著降低，如图 6-11 所示。

所以，在部分连续、分段连续等非连续情况下，ICT 算法的识别性能也明显优于其他防碰撞算法的识别性能。因此，ICT 算法能显著提升 RFID 多标签识别效率，降低 RFID 系统的时间开销和能耗。

6.6 小　　结

本章在 CT 算法的基础上，提出了基于二元确定性原理的 RFID 多标签识别防碰撞算法——ICT 算法。ICT 算法在多标签识别过程中，应用二元确定性原理机制，有效减少了多标签识别过程中阅读器的查询次数，以及碰撞树的搜索深度，使多标签识别效率得到显著提高。特别是当标签组的编号连续分布时，ICT 算法将多标签识别效率提高到 100%。即使在最坏情况下，当标签组编号完全不连续的情况下，ICT 算法的识别效率也在 50%以上。

ICT 算法的研究主要针对 RFID 多标签识别应用系统中标签编号连续分布的情况，解决了连续分布状态下多标签高效识别的问题。通常，连续分布状态出现在大规模生产、运输和物流领域，这些领域对于批量物品的高速准确识别有着较高的要求，ICT 算法正好满足这种需求。即使在标签编号均匀分布的条件下，ICT 算法的识别性能也达到防碰撞算法的最好性能，所以，ICT 算法也能满足均匀分布条件下完成对 RFID 多标签的识别，解决标签碰撞问题。

第7章　抗捕获RFID多标签识别技术

7.1　引　　言

在RFID多标签识别防碰撞方法研究中，通常设定RFID标签和阅读器都处于理想的工作或运行环境。但在实际RFID应用中，存在许多不确定因素，如捕获效应、检测错误、信道质量、噪声干扰等，这会影响RFID标签的准确识别。特别是捕获效应直接导致阅读器无法完成对被捕获标签的识别。在RFID系统中，当多个标签响应阅读器的查询时，由于标签位置、放置方式、天线朝向、标签与阅读器的距离、信道质量等因素影响，部分标签发生的信号到达阅读器时弱于其他标签发送的信号，较弱的信号被较强的信号覆盖或捕获，致使阅读器无法感知到较弱信号的标签信息，进而阅读器可能无法识别到较弱信号的标签。这种现象就称为捕获效应(capture effect)[22]，由于捕获效应而不能被识别的标签称为被捕获标签(captured tag)或者隐藏标签(hidden tag)。

因此，传统的RFID多标签识别防碰撞算法没有考虑被捕获标签或隐藏标签的识别，无法应用于存在捕获效应、隐藏标签等不确定因素较为复杂的RFID应用系统。基于经典防碰撞算法，即QT算法、BT算法，专家学者提出了几种抗捕获RFID多标签识别算法：基于QT的通用查询树(generalized query tree，GQT1和GQT2)算法[23]、基于BT的通用二进制树(general binary tree，GBT)算法[24]，以及基于GQT2和GBT的校正查询树(tweaked query tree，TQT)算法和校正二进制树(tweaked binary tree，TBT)算法[25]。但受限于基础算法的识别性能，这些算法虽然解决了标签识别过程中的捕获效应，但它们降低了RFID标识识别性能，其识别效率仍然低于36.8%，甚至更低。

CT算法将RFID多标签识别效率提高到50%以上，识别性能稳定，识别方法简单有效，易于实现，为相关防碰撞技术的研究奠定了良好的基础。基于此，本章介绍一种简单高效的抗捕获RFID多标签识别方法，即通用碰撞树(general collision tree，GCT)算法。GCT算法能够有效解决RFID多标签识别过程中的捕获效应和标签隐藏现象，其识别效率高于50%，识别性能优于同类识别算法，可以应用于各种RFID多标签识别应用系统。

本章后续内容主要包括如下几个方面：

7.2节为抗捕获防碰撞算法简介，主要介绍几种用于解决RFID系统捕获效应的防碰撞算法，便于后续章节对GCT算法进行性能分析和比较。

7.3节为GCT算法，主要介绍GCT算法的基本思想、GCT算法阅读器和标签过程，并给出算法识别实例。

7.4节为GCT算法性能分析，主要根据GCT算法和CT算法的性能特征，以及GCT算法对捕获效应和隐藏标签的识别和处理，分析GCT算法的识别性能。

7.5节为仿真实验及数据分析，主要对GCT算法进行仿真实验验证，并将其与其他几种抗捕获算法进行性能分析与对比。

7.2 抗捕获防碰撞算法简介

1. 通用查询树算法

在QT算法中，阅读器通过命令发送前缀查询识别范围内的待识别标签，编号与前缀相匹配的标签响应阅读器的查询。如果发生碰撞，则阅读生成两个新前缀。如果没有发生碰撞，则阅读器认为只有一个标签响应，并识别到该标签。但由于RFID系统存在捕获效应，在识别到该标签的过程中，可能存在被该标签捕获的隐藏标签。基于QT算法，有两种方法可以解决隐藏标签问题，即GQT1算法和GQT2算法[23]。

GQT1算法中阅读器识别到一个标签时，仍然在当前前缀(prefix)基础上扩展1位，生成两个新前缀：prefix+“0”和prefix+“1”。如果在该识别周期有隐藏标签，则它们会在以这两个前缀为参数的查询过程中被识别出来。GQT2算法中阅读器识别到一个标签时，继续以当前前缀为参数，查询识别范围内的标签。如果在该识别周期有隐藏标签，阅读器就可以将其识别出来。可见，为了解决捕获效应和隐藏标签问题，GQT1算法和GQT2算法在识别周期后扩展查询周期，每识别一个标签，GQT1算法增加两个空周期，GQT1算法增加一个空周期。所以，与源算法QT相比，GQT1算法和GQT2算法明显降低了RFID多标签识别的性能。

2. 通用二进制树算法

GBT算法[24]将RFID多标签识别过程划分为多个BT算法识别过程，由于捕获效应而隐藏的标签将被延迟到后续BT过程中进行识别。GBT算法的阅读器和标签都有一个计数器，其初始值均为0。标签计数器(tag counter，TC)用于记录查询-响应周期，决定标签何时可以响应阅读器的查询。例如，当标签计数器值为0时，标签响应阅读器的查询。阅读器计数器(reader counter，RC)用于记录BT算法识别过程，决定是否需要新增加一个BT识别过程。

当阅读器查询标签时,标签计数器值为0的标签响应。如果发生碰撞,则标签计数器值为0的标签将标签计数器值随机加0或1,标签计数器值不为0的标签将标签计数器值加1,同时,阅读器计数器值加1。如果没有发生碰撞,则阅读器识别到一个标签,其余未被识别的标签将标签计数器值减1。如果这不是第一次查询的识别周期,则阅读器计数器值也需要减1。如果没有标签响应阅读器的查询,则标签计数器和阅读器计数器值均减1。当阅读器计数器值减为－1时,GBT算法结束RFID多标签识别过程。

3. 校正查询树算法

TQT算法[25]继承使用了GQT2算法中的基本技术方法,将整个RFID多标签识别过程分为若干个查询识别(QT)阶段,每个查询阶段包含一个非空的待识别标签队列或隐藏标签队列。阅读器分别对标签队列中的标签进行识别,直到标签队列为空,即完成全部标签识别。TQT算法需要存储记录阅读器查询和标签响应的状态过程,同时设置扩展周期(extra cycle,EC)计数器用于标识查询识别阶段和终止RFID多标签识别过程。

开始RFID多标签识别时,阅读器初始待识别标签队列,然后根据查询响应状态校正待识别标签队列或隐藏标签队列。如果在识别过程中存在标签响应,则阅读器将EC计数器的值设置为1,增加一个扩展周期,用于处理隐藏标签。如果在查询响应中发生碰撞,则在前一个查询前缀字符串后面添加一位,将其扩展为两个新的查询前缀,并将它们插入前缀队列。如果查询响应中没有碰撞(该标签被成功识别)或没有标签响应,则阅读器从队列中提取新的前缀,继续查询待识别标签。

TQT算法根据阅读器记录查询响应过程的状态,并通过校正EC计数器的值增加查询识别过程。如果EC计数器的值>0,则阅读器将其值减1,并使用空状态的查询重启RFID多标签识别过程,完成隐藏标签识别。如果EC计数器的值=0,则阅读器使用一个空查询终止RFID多标签识别过程。

4. 校正二进制树算法

TBT算法[25]基于GBT算法,继承使用了GBT算法中的基本技术方法。TBT算法阅读器设置布尔参数,即扩展标志(extension flag,EF),用于检查记录是否保留了用于处理捕获效应和隐藏标签的RFID识别周期。TBT算法仍然将整个RFID多标签识别过程分为若干个查询识别阶段,查询响应过程中的隐藏标签可以在后续识别阶段得到检测和识别。初始时,EF设置为假(false)。在可读周期(标签响应中没有发生碰撞)和空周期(没有标签响应阅读器查询),如果EF为false,则阅读器将EF设置为真(true)。

同时,TBT算法在阅读器也设置了附加EC计数器,其初始值由用户根据

RFID 多标签识别过程设置。EC 计数器的初始值决定了 RFID 多标签识别过程结束之前,系统附加的隐藏标签确认周期数,以防止多次检测错误引发的标签丢失。与 GBT 算法不同,响应当前阅读器查询的标签如果收到阅读器发送的空周期(即无标签响应)信号时,需要将标签计数器的值设置为阅读器计数器的值。

7.3　通用碰撞树算法

GCT 算法[26]通过迭代 RFID 多标签识别过程的方式检测并识别因捕获效应等不确定因素而隐藏的 RFID 标签。图 7-1 通过伪代码的形式描述了 GCT 算法中阅读器和标签的工作过程。

图 7-1(a)描述了 GCT 算法阅读器的工作过程。初始化时,阅读器设置迭代标志(iFlag)的值为 1,用于增加捕获效应和隐藏标签的检测和处理,根据 RFID 应用系统的实际情况,iFlag 也可以初始化为其他值。同时,GCT 算法采用堆栈结构存储 RFID 多标签识别过程中的前缀,并在初始化时将字符串(Φ)压入堆栈。RFID 多标签识别过程中,阅读器从堆栈中弹出前缀,作为查询命令(Query)的参数。如果前缀为空串(Φ)或者弹出后堆栈为空(NULL),并且 iFlag 大于 0,则阅读器压入空串(Φ)到堆栈,增加一个确认周期,以确保所有标签都成功识别。如果在确认周期中没有标签响应,则阅读器结束标签识别;如果有隐藏标签或待识别标签响应阅读器的查询,则阅读器会检测并识别到这些标签。

阅读器发送查询命令 Query(prefix)查询阅读器识别范围内的标签并等待标签的响应。如果阅读器没有收到标签的响应,则阅读器将 iFlag 的值减 1,为结束 RFID 多标签识别过程做准备。如果阅读器收到标签响应(receivedID),并且发生了碰撞,则阅读器生成两个新前缀,并将它们置入堆栈,作为后续阅读器查询命令的前缀参数。如果接收到的标签响应中没有发送碰撞,则阅读器识别到一个标签,其标签编号 tagID 为 prefix+receivedID,并发送休眠命令 Sleep(tagID),通知该标签不再响应后续阅读器的查询。

图 7-1(b)描述了 GCT 算法标签的工作过程。未被识别的标签等待阅读器的查询命令 Query(prefix),并从中提取前缀参数(prefix)。如果标签的编号与接收到的前缀相匹配,则标签发送其编号中匹配前缀后余下的部分,以响应阅读器的查询,如图 7-1(b)中 tagID[$k,\cdots,n-1$],其中 k 为前缀的长度,n 为标签编号的长度。由此,GCT 算法中标签的响应只与阅读器的当前查询有关,与阅读器和标签的历史查询响应过程无关。所以 GCT 算法也属于非记忆防碰撞算法,适用于无源被动(passive)RFID 多标签识别系统。这类 RFID 系统中,RFID 标签没有提供能量的内置电池和存储识别过程数据的存储单元。

```
阅读器-GCT
  // 初始化
  iFlag=1, PUSH(Φ), tagID=Φ
  // 标签查询与识别
  while (Stack<>NULL and iFlag>0)
    prefix=POP()
    if (prefix==Φ and iFlag>0)
    // 增加识别确认周期
      PUSH(Φ)
    end if
    send Query(prefix)
    waiting the response of tags
    if (no response)      //空周期
    // 结束标志iFlag减1，终止识别过程
      iFlag=iFlag−1
    else
      get receivedID
      if (collided in receivedID)
        // 碰撞周期，生成新前缀
        c=the index of the first collided
          bit in the receivedID
        prefix=prefix+receivedID[0,…, c−1]
        PUSH(prefix+"1")
        PUSH(prefix+"0")
      else
        // 可读周期，识别到一个标签
        tagID=prefix+receivedID
        send Sleep(tagID)
      end if
    end if
  end while
```

(a) 阅读器工作过程

```
标签-GCT
  // 等待阅读器查询
  while (unidentified)
    waiting Query (prefix)
    // 收到查询命令，提取前缀参数
    get prefix
    k=length(prefix)
    if (tagID[0, …, k−1]==prefix)
      // 匹配一致，响应阅读器查询
      transmits tagID[k, …, n−1]
    end if
  end while
```

(b) 标签工作过程

图 7-1　GCT 算法工作过程伪代码

表 7-1 给出了 GCT 算法识别集合{0001,0010,0101,1001,1010,1100}中标签的主要过程，其中，Φ 为空字符串，x 表示所在位发生碰撞。经过 10 个查询-响应周期，GCT 算法完成这 6 个标签的识别。在第 1 个周期中，前缀参数为空串 Φ，6 个标签均响应了阅读器的查询，但是标签 0001,0010 和 1010 由于捕获效应而被隐藏，阅读器无法感知到这三个标签的响应。所以，阅读器实际收到的响应"xxxx"是由标签 0101,1001 和 1100 的信号干扰产生的。隐藏标签 0001 在第 2 个周期再次被捕获，而在第 7 个周期被识别出来。隐藏标签 0010 在第 8 个周期被正确识别。由于标签 1010 的信号弱于标签 0001 和 0010 的信号，它在第 6 和第 9 个周期仍然被捕获而处于隐藏状态，直到第 9 个周期被识别出来。最后一个周期是空周期，没有标签响应阅读器的查询，这意味阅读器完成了所有标签的识别。

同时，在查询周期 1、6、7、10 中，阅读器弹出的前缀均为空字符串(Φ)，但是第 1 个周期的空字符串用于初始化并开始 RFID 多标签识别过程，而其余周期弹出

的空字符串用于确认阅读器识别范围内是否还有隐藏标签。如果在确认周期阅读器收到隐藏标签的响应，则识别它们；如果没有标签响应，则阅读器将迭代标志的值减 1，并结束 RFID 多标签识别过程，如表 7-1 中第 10 个周期。

表 7-1　GCT 算法识别 RFID 标签的实例{0001,0010,0101,1001,1010,1100}

周期	前缀	响应信息	信道状态	响应的标签	隐藏的标签	前缀堆栈
1	Φ	xxxx	碰撞	0001,0010,0101 1001,1010,1100	0001,0010, 1010	0,1,Φ
2	0	001	可读:0101	0001,0010,0101	0001,0010	1,Φ
3	1	x0x	碰撞	1001,1010,1100	1010	10,11,Φ
4	10	01	可读:1001	1001,1010	1010	11,Φ
5	11	00	可读:1100	1100		Φ
6	Φ	00xx	碰撞	0001,0010,1010	1010	000,001,Φ
7	000	1	可读:0001	0001		001,Φ
8	001	0	可读:0010	0010		Φ
9	Φ	1010	可读:1010	1010		Φ
10	Φ		空闲			Φ

7.4　通用碰撞树算法性能分析

本节主要基于 CT 算法的基本性能及其与 GCT 算法的关系，讨论分析 GCT 算法的 RFID 多标签识别性能，包括时间复杂度和识别效率。

7.4.1　时间复杂度

防碰撞算法的时间复杂度是指防碰撞算法完成 RFID 多标签识别所需要的查询-响应周期数。根据第 4 章、第 5 章的分析介绍，CT 算法的时间复杂度为

$$T_{\mathrm{CT}}(n)=2n-1 \tag{7-1}$$

其中，n 是待识别的 RFID 标签数量。

如上文所述，GCT 算法的基本识别过程与 CT 算法一致，但在其基础上增加了一个确认周期，用于解决 RFID 多标签识别过程中的捕获效应和隐藏标签问题，如表 7-1 中的最后一个周期。所以，如果在 RFID 多标签识别过程中，没有发生捕获效应和标签隐藏，则 GCT 算法的时间复杂度为

$$T_{\mathrm{GCT-1}}(n)=T_{\mathrm{CT}}(n)+1=2n-1+1 \tag{7-2}$$

在 RFID 应用系统中，如果在标签识别过程中存在捕获效应和隐藏标签，则这些隐藏标签将在其他待识别标签识别完成后再进行识别。因此，实际上是根据标

签隐藏与否，将 RFID 标签分成了两个标签组，然后分别对两个集合的标签进行识别。假设 RFID 系统的捕获概率，即被捕获标签或隐藏标签与标签组中标签总数的比例为 α，则这两个标签组的标签数量分别为 $n_1=n-n\alpha$ 和 $n_2=n\alpha$，因此，在这种情况下，GCT 算法的时间复杂度为

$$\begin{aligned}T_{\mathrm{GCT\text{-}2}}(n)&=(2n_1-1)+(2n_2-1)+1\\&=(2n-2n\alpha-1)+(2n\alpha-1)+1\\&=2n-2+1\end{aligned}\tag{7-3}$$

如果在第二个标签组的识别过程中还存在捕获标签，且捕获概率为 α，则第二个标签组被划分为两个标签分组，且第二个标签分组中的标签数调整为 $n_2=n-n\alpha^2$，而第三个标签分组中的标签数量为 $n_3=n\alpha^2$。在这种情况下，GCT 算法的时间复杂度为

$$\begin{aligned}T_{\mathrm{GCT\text{-}3}}(n)&=(2n_1-1)+(2n_2-1)+(2n_3-1)+1\\&=2n-3+1\end{aligned}\tag{7-4}$$

如果按照相同的捕获概率 α 进行这一迭代过程，而标签被划分为 k 个标签分组，则 k 个标签分组中的标签数量为 $n_j=n\alpha^{j-1}-n\alpha^j$，其中 j 为整数且 $1\leqslant j\leqslant k-1$，而 $n_k=n\alpha^{k-1}$。因此，在相同捕获概率(same capture probability，SCP)RFID 系统中，GCT 算法的时间复杂度为

$$\begin{aligned}T_{\mathrm{GCT\text{-}}k\mathrm{\text{-}SCP}}(n)&=\sum_{i=1}^{k}(2n_i-1)+1\\&=\sum_{i=1}^{k-1}(2n\alpha^{i-1}-2n\alpha^{i}-1)+(2n\alpha^{k-1}-1)+1\\&=2n-k+1\end{aligned}\tag{7-5}$$

更一般情况下，假设 k 个标签分组中的捕获概率分别为 $\alpha_1,\alpha_2,\alpha_3,\cdots,\alpha_k$，其中 $\alpha_k=0$，因为在最后一个标签分组中没有隐藏标签。所以，各标签分组中的标签数量为 $n_j=n\prod_{i=1}^{j-1}\alpha_i-n\prod_{i=1}^{j}\alpha_i$，其中 j 为整数且 $2\leqslant j\leqslant k$，而 $n_1=n-n\alpha_1$。因此，在不同捕获概率(different capture probability，DCP)RFID 系统中，GCT 算法的时间复杂度为

$$\begin{aligned}T_{\mathrm{GCT\text{-}}k\mathrm{\text{-}DCP}}(n)&=\sum_{i=1}^{k}(2n_i-1)+1\\&=(2n-2n\alpha_1-1)+\sum_{j=2}^{k}\left(2n\prod_{i=1}^{j-1}\alpha_i-2n\prod_{i=1}^{j}\alpha_i-1\right)+1\\&=2n-k+1\end{aligned}\tag{7-6}$$

所以，GCT 算法的时间复杂度为

$$T_{\mathrm{GCT}}=T_{\mathrm{GCT\text{-}}k\mathrm{\text{-}DCP}}=T_{\mathrm{GCT\text{-}}k\mathrm{\text{-}SCP}}=2n-k+1\tag{7-7}$$

根据上述讨论，随着标签分组数量的增加，GCT 算法的时间复杂度会逐渐降

低。如果标签识别过程中没有发生标签隐藏，即所有标签构成一个分组，也就是 $k=1$，则 GCT 算法的最差时间复杂度为

$$T_{\text{GCT-Worst}}=2n \tag{7-8}$$

如果 $k=n$，也就是 n 个标签被划分到 n 个分组中，即每个分组中只有 1 个标签，系统退化为类似单标签识别过程，则 GCT 算法的最佳时间复杂度为

$$T_{\text{GCT-Best}}=n+1 \tag{7-9}$$

7.4.2　识别效率

防碰撞算法的识别效率是标签数量与识别这些标签所需要的查询-响应周期数量之间的百分比。根据上面讨论的 GCT 算法的时间复杂度情况，其识别效率为

$$E_{\text{GCT}}(n)=n/T_{\text{GCT}}(n)=n/(2n-k+1) \tag{7-10}$$

因为 n 和 k 都是整数，并且 $n\geqslant k>0$，所以 GCT 算法的识别效率始终不低于 50%，即 $E_{\text{GCT}}\geqslant 50\%$。当 $k=1$ 时，也就是系统没有发生捕获效应，即 $\alpha=0$，GCT 算法的识别效率最低：

$$E_{\text{GCT-Worst}}=50\% \tag{7-11}$$

当 $k=n$ 时，因为每个标签均被单独识别，系统没有发生标签碰撞，所以，此时 GCT 算法的识别效率最高：

$$E_{\text{GCT-Best}}=n/(n+1) \tag{7-12}$$

并且

$$\lim_{n\to\infty}E_{\text{GCT-Best}}=100\% \tag{7-13}$$

所以，GCT 算法的识别效率始终等于或高于 50%。

7.5　仿真实验及数据分析

为了验证 GCT 算法的基本性能和优势，本节将 GCT 算法与几种基于经典防碰撞算法及通用防碰撞算法进行仿真实验对比。实验中所有标签编号长度为 96 位，标签数量从 4 个增加到 4096 个，标签编号均匀分布。不同捕获概率条件下，GCT 算法及对比算法的仿真实验结果如图 7-2 和图 7-3 所示。

图 7-2 描述了 RFID 系统没有发生捕获效应情况下，即 $\alpha=0$ 时，GCT 算法与对比算法 QT、CT、BT、GQT1、GQT2、GBT、TQT 和 TBT 的识别性能。图 7-2(a) 是这些算法平均完成一个标签识别所需要的查询-响应周期数，即平均时间复杂度。与源识别算法(QT)相比，GQT1 算法和 GQT2 算法的平均时间复杂度分别增加 2 个和 1 个周期。其他通用算法 GCT、GBT、TBT 和 TQT 等的识别性能分别与它们的源算法 CT、BT 和 QT 类似。GCT 算法和 CT 算法平均时间复杂度最

低,完成一个标签识别仅需要 2 个周期,而其他识别算法平均需要 2.88 个周期以上。

图 7-2(b)给出了 RFID 系统没有发生捕获效应情况下,GCT 算法和对比算法的 RFID 标签识别效率。可见,GCT 算法的识别效率始终为 50%,与 CT 算法的识别效率非常接近。类似,GBT 算法、TQT 算法和 TBT 算法采用的抗捕获方法也没有明显降低 RFID 标签识别效率。但是,与源算法相比,GQT1 算法和 GQT2 算法分别将识别效率降低到 20.5%和 25.8%,因为在处理捕获效应时,它们增加了许多没有标签响应的空周期。如 7.2 节所述,在完成 n 个 RFID 标签识别过程中,为了防止被捕获标签漏读(missing read),GQT1 算法和 GQT2 算法分别增加了 $2n$ 和 n 个空周期。

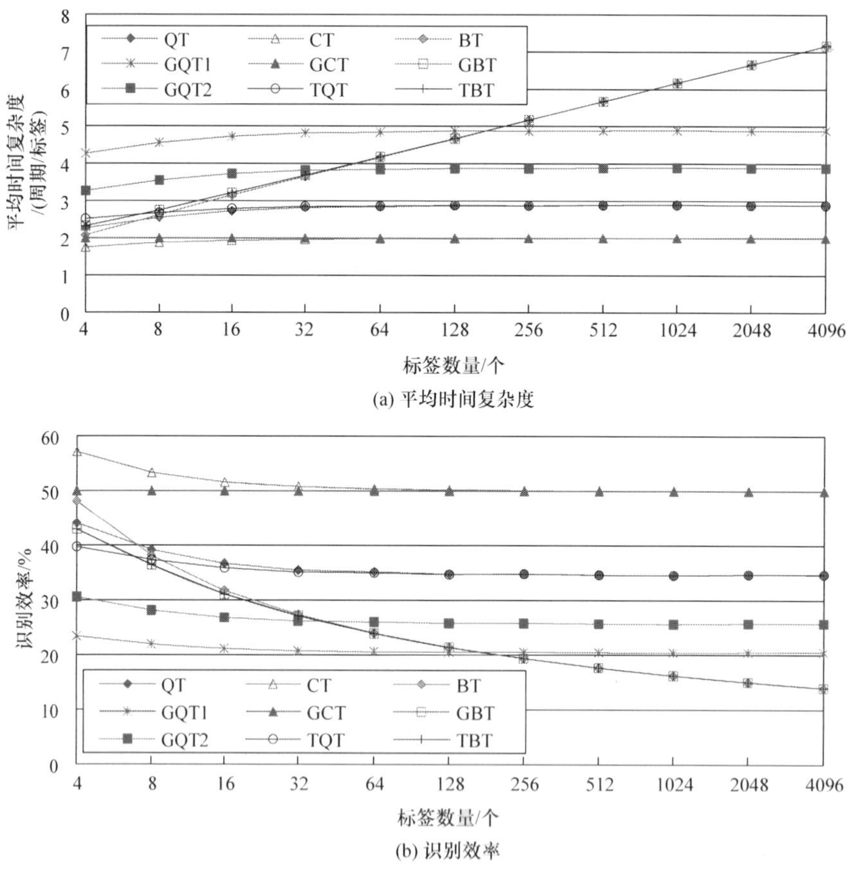

图 7-2 当捕获概率为 0 时 GCT 算法的识别性能

图 7-3 描述了当捕获概率为 0.25、0.5 和 0.75 时 GCT 算法、GBT 算法、TQT 算法和 TBT 算法的仿真实验结果。由于 GQT1 算法和 GQT2 算法在处理捕获效应过程中,始终增加 $2n$ 或 n 个空周期,其识别性能与捕获概率无关,所以在图 7-3

中没有给出 GQT1 算法和 GQT2 算法的识别性能曲线，它们的识别性能在图 7-2 中已经给出了。

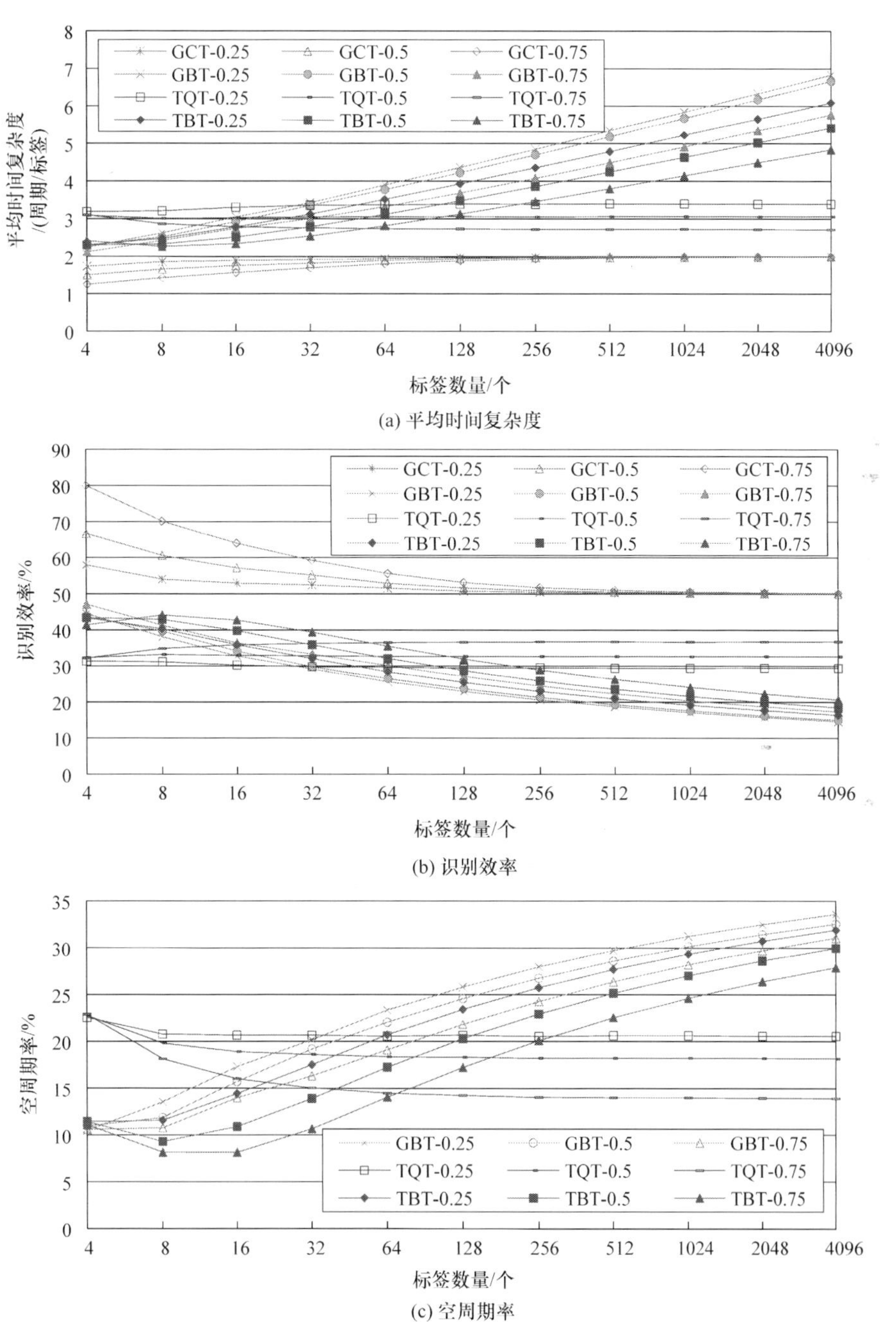

(a) 平均时间复杂度

(b) 识别效率

(c) 空周期率

图 7-3　当捕获概率为 0.25、0.50 和 0.75 时抗捕获算法的识别性能

如图 7-3(a)所示,GCT 算法的平均时间复杂度是这些通用算法中最低的,平均 2 个周期就能完成一个标签的识别。随着捕获概率的增加,GBT 算法、TQT 算法和 TBT 算法的平均时间复杂度逐渐降低,因为标签被划分成了更多更小的标签分组,而在对数量较少的标签分组进行识别时,发生碰撞更少。而且,随着标签数量的增加,基于 BT 算法的 GBT 算法和 TBT 算法的平均时间复杂度越来越高。

如图 7-3(b)所示,GCT 算法的识别效率始终高于 50%,识别效率高于其他通用防碰撞算法。TQT 算法的识别效率高于其源算法 GQT2(识别效率为 25.8%),当捕获概率为 0.75 时,TQT 算法的识别效率达到 36.7%。TBT 算法的识别效率也高于其源算法 GBT,虽然随着标签数量的增加,TBT 算法的识别效率会降低。由于 GBT 算法、TQT 算法和 TBT 算法在 RFID 标签识别和抗捕获处理中产生了较多空周期,它们的识别效率远低于 GCT 算法的识别效率。

因为空周期是制约防碰撞算法 RFID 多标签识别性能的关键因素,图 7-3(c)专门给出了 GBT 算法、TQT 算法和 TBT 算法在多标签识别查询响应过程中空周期的百分比。随着捕获概率从 0.25 增加到 0.50 和 0.75,GBT 算法、TQT 算法和 TBT 算法的空周期率(idle cycle ratio)逐渐降低。同时,随着标签数量的增加,GBT 算法和 TBT 算法空周期率相应增加,而 TQT 算法的空周期率分别趋于 20.5%、18.2%和 13.9%。需要说明的是,GCT 算法中只有一个空周期,即用于确认没有遗留隐藏标签的确认周期,所以在图 7-3(c)中没有给出 GCT 算法的空周期率。

7.6 小　结

本章介绍了一种高效的通用 RFID 多标签识别防碰撞算法,即 GCT 算法。该算法能够正确识别阅读器范围内的全部 RFID 标签,包括被捕获的隐藏标签或漏读标签。同时,GCT 算法采用的抗捕获方法可以应用于其他基于 CT 算法的 RFID 多标签识别算法,以解决捕获效应和隐藏标签问题。更重要的是,GCT 算法继承了 CT 算法的高性能、低功耗、易于实现等优点和特征,并且提高了算法的强壮性和适用性。所以,GCT 算法能够适用于大规模数据采集、自动生产控制、大型仓储管理等多种 RFID 应用系统。

第 8 章　双响应 RFID 多标签识别技术

8.1 引　言

CT 算法及碰撞树结构解决了 RFID 多标签识别系统中的标签碰撞问题，并将多标签识别效率提高并稳定到 50％以上。ICT 算法是基于碰撞树和 CT 算法的一个高效防碰撞算法，它将二元确定性原理应用到 RFID 多标签识别防碰撞处理中，提升 RFID 标签识别性能。ICT 算法将标签编号连续分布条件下 RFID 多标签识别的识别效率提高到 100％，而且，即使在最坏情况下，其多标签识别效率也始终保持在 50％以上。

本章根据 RFID 多标签识别过程和碰撞基本原理，在 RFID 多标签识别过程中，引入双响应机制，提出了双响应碰撞树(bi-response collision tree，BCT)算法。BCT 算法是基于碰撞树和 CT 算法的又一个高性能防碰撞算法，通过对响应周期的划分，两个标签组能够在同一个查询周期响应阅读器的请求，将多标签识别过程中阅读器的查询次数减少了一半，进一步提高了多标签识别效率。理论分析和实验验证均表明：BCT 算法在降低系统时间复杂度和通信复杂度的同时，将标签识别效率提高到 100％。

本章后续内容主要包括如下几个方面：

8.2 节为基本原理及相关机制，介绍二元确定性原理、双响应机制的基本概念，以及特征位和周期划分。

8.3 节为 BCT 算法，介绍 BCT 算法的基本思路、算法过程，并给出 RFID 多标签识别实例。

8.4 节为 BCT 算法性能分析，介绍 BCT 算法的时间复杂度、通信复杂度、识别效率、稳定性等基本性能特征。

8.5 节为实验仿真及数据分析，对 BCT 算法相关性能进行实验仿真验证，并给出相关多标签识别算法的实验数据及结果。

8.2 基本原理及相关机制

本节主要介绍 BCT 算法中使用到的双响应机制的基本原理和概念，以及与其相关的几个概念，主要包括二元确定性原理、特征位的概念、识别周期和子周期的划分及其功能和作用、双响应机制的基本概念等。

1. 二元确定性原理

二元确定性原理[21]是ICT算法的基础,也是BCT算法的重要基础之一。由于RFID标签采用二进制数进行编号,编号中每一位只有"0"和"1"两种取值。这种取值的二元性就决定了标签分组的二元性,即通过标签编号位中一位的值可以将标签组分为两个确定的标签分组,且每个标签分组中标签编号在该位的值也随之确定。标签编号位取值和标签分组之间的这种二元关系和相互确定关系,即为二元确定性原理。

2. 特征位

特征位(characteristic bit)是在一个识别周期中标签编号中的一个二进制位,该位主要用于将发生碰撞的标签分为两个组,并用于区分和允许这两组标签根据双响应机制,在不同的响应子周期对阅读器的请求进行各自独立的响应。设 $p_1p_2\cdots p_k$ 是阅读器一次查询请求的搜索前缀,$b_1b_2\cdots b_kb_{k+1}\cdots b_m$ 为标签编号,如果 $p_1p_2\cdots p_k=b_1b_2\cdots b_k$,则定义 b_{k+1} 为特征位。所以,特征位在标签识别过程中是动态变化的,其位置由阅读器发送的搜索前缀prefix的长度决定。

3. 识别周期与子周期划分

在RFID标签识别过程中,识别周期(identification cycle)是指允许阅读器和标签完成一次完整的识别通信过程或信息交互的时间间隔[27]。例如,从阅读器发送查询请求命令,到阅读器收到所有标签发回的对该命令的响应,这段时间即为一个识别周期。通常,识别周期包括两个部分或两个子周期(sub-cycle):一个是查询周期(query-cycle),记为Q-cycle,主要用于阅读器发送查询命令,查询搜索识别范围内的待识别标签;另一个是响应周期(response-cycle),记为R-cycle,用于标签发送其编号,以响应阅读器的查询请求。

在BCT算法中,识别周期被划分为三个子周期,即Q-cycle、R0-cycle、R1-cycle,如图8-1所示。Q-cycle为阅读器查询周期,用于阅读器发送Query(prefix)命令,开始识别范围内的待识别标签。R0-cycle为第一个响应子周期,特征位等于"0"的标签,在R0-cycle周期中完成对阅读器的响应。R1-cycle为第二个响应子周期,特征位等于"1"的标签,在R1-cycle周期中完成对阅读器的响应。

4. 双响应机制

将RFID多标签识别过程中的查询识别周期划分为三个子周期之后,就允许对阅读器的同一个请求有两组标签进行响应。也就是,两组标签可以在不同的响

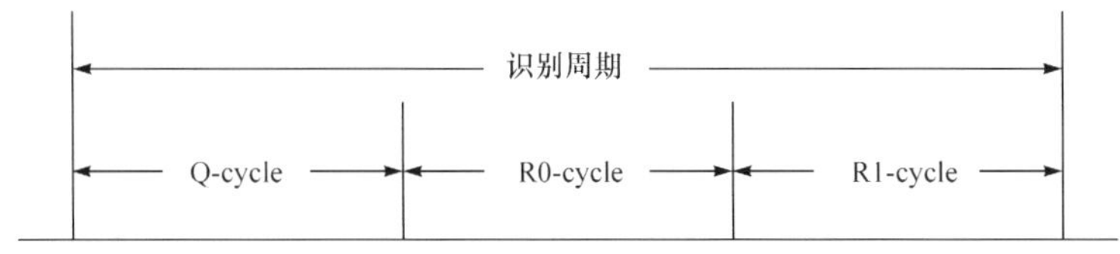

图 8-1　BCT 算法中标签识别周期的划分

应子周期中对阅读器的同一个查询请求分别进行响应，而相互之间不发生干扰。这种两组标签分时响应阅读器的同一个查询请求的过程，本书称为双响应机制(bi-response mechanism)。

当然，与 CT 算法和 ICT 算法一样，BCT 算法仍然使用曼彻斯特编码作为标签发送数据的编码方式，以便在数据传输过程中，阅读器能在获得正确的数据位的同时，检测到发生碰撞的碰撞位的位置信息。

8.3　双响应碰撞树算法

BCT 算法主要基于双响应机制，其主要特点在于：阅读器收到的数据发生碰撞时，阅读器只需要生成一个新前缀，而且，两个标签组可以根据特征位的值分别在两个响应子周期 R0-cycle 和 R1-cycle 中完成对阅读器查询请求的响应。

BCT 算法的基本工作流程包括阅读器工作流程和标签工作流程，分别如图 8-2(a)和图 8-2(b)所示。初始时，阅读器向前缀缓冲池中放入一个空串，即向堆栈中压入空串 Φ，并将标签编号 tagID 置为空(NULL)。阅读器从前缀缓冲池(堆栈)中取出一个前缀，并以此前缀为参数，发送查询命令 Query(prefix)。随后，阅读器等待，并接收标签的响应。

收到查询命令及前缀 prefix 的待识别标签，将 prefix 与各自的编号(ID)进行比较。标签编号与 prefix 相匹配的标签根据其特征位的值“0”或“1”，选择在 R0-cycle 或 R1-cycle 响应阅读器的查询请求。编号与 prefix 不匹配的标签，不做任何事情。响应过程中，标签只需要将自己编号中与 prefix 不同的部分发送给阅读器即可，与 prefix 相同的数据部分在阅读器已经存在，标签无须再次发送。

由于初始时搜索前缀 prefix 为空串，所以，在第一次查询中，所有标签均响应阅读器的查询请求，而标签编号的第一位即为首个特征位，第一位等于“0”的标签，在 R0-cycle 中发送自己的编号，以响应阅读器的查询请求；第一位等于“1”的标签，在 R1-cycle 中发送自己的编号，以响应阅读器的查询请求。

在阅读器收到的标签响应信息 receivedID 中，如果发生了碰撞，则阅读器生成一个新的前缀。例如，对于一个查询 $p_1p_2\cdots p_k$，阅读器收到的响应为 $r_1r_2\cdots r_jr_{j+1}$，其中，$p_i,r_i\in\{0,1\}$，$r_1r_2\cdots r_j$ 为阅读器收到的正确位，r_{j+1} 为首位碰撞位，则阅读器

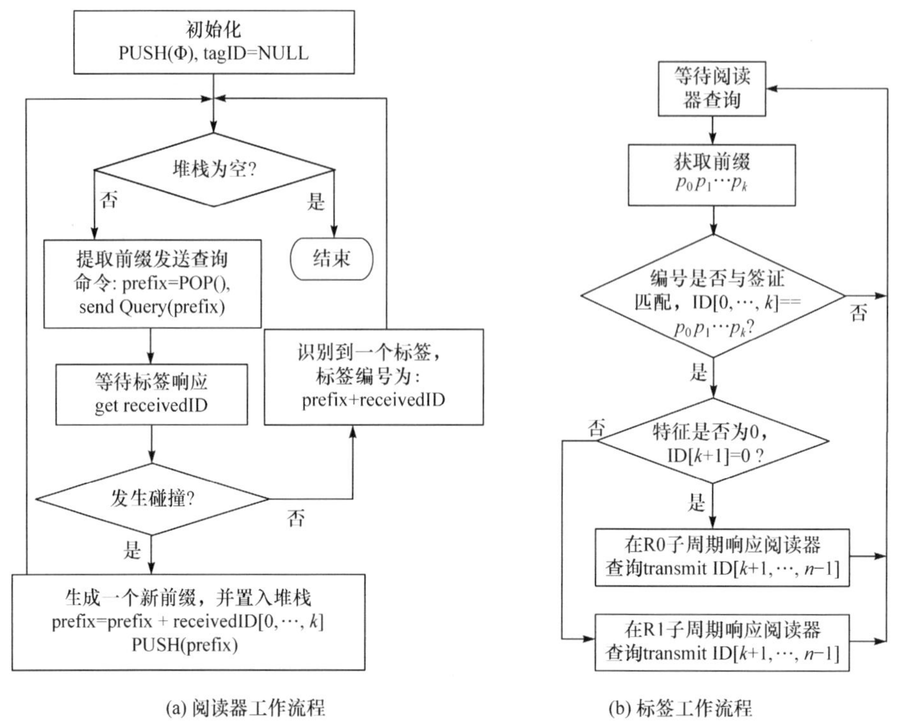

(a) 阅读器工作流程　(b) 标签工作流程

图 8-2　BCT算法的工作流程

生成一个新前缀 $p_1p_2\cdots p_kr_1r_2\cdots r_j$，并将其压入堆栈，即放入前缀缓冲池。

当然，如果阅读器收到的标签发送的响应信息中，没有发生碰撞，则阅读器成功识别到一个标签，且该标签的编号为当前搜索前缀与收到的正确信息位的串接，即 $p_1p_2\cdots p_kr_1r_2\cdots r_j$。

图 8-3 给出了 BCT 算法的一个识别实例，即采用 BCT 算法识别标签组{001001,011000,011011,100111,101010,110011}的基本过程。图 8-3(a)是 BCT 算法实例的标签识别过程，图中每一个节点包括两个响应子周期，R0 代表响应周期 R0-cycle，R1 代表响应周期 R1-cycle，其中粗体表示的响应周期为可识别周期，能够成功完成一个标签的识别。在两个响应周期中，标签可以根据各自的特征位，分别响应阅读器的查询请求。如果一个响应子周期中，只有一个标签发送编号，响应阅读器请求，则该周期中不会发生碰撞，阅读器即可完成对该标签的识别。图 8-3(b)是用于描述 BCT 算法实例识别过程的碰撞树结构，鉴于其与一般碰撞树的差异，称其为退化碰撞树。

从图 8-3 中可以看出，采用 BCT 算法，经过 5 个查询周期，阅读器就完成了对这 6 个标签的识别。在第 2 次查询的 R0-cycle 中只有标签 001001 发出了响应，阅读器收到的数据信息中没有发生碰撞，成功识别到一个标签，即 001001。在第 3 次查询的 R0-cycle 和 R1-cycle 中分别只有标签 011000 和 011011 发出了响应，因此，阅读器在第 3 次查询的两个响应子周期中，分别识别到两个标签，即 011000 和 011011。同理，在第 4 次查询和第 5 次查询中，阅读器分别完成了对标签 110011，以及标签 100111 和 101010 的识别。

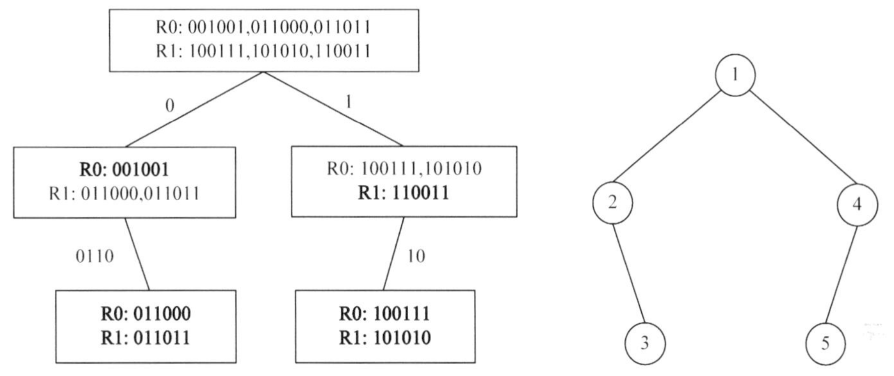

图 8-3　BCT 算法的多标签识别过程

为了便于进一步分析 BCT 算法的特征及主要性能，图 8-4 给出了采用 CT 算法识别标签组{001001，011000，011011，100111，101010，110011}的基本过程。从图 8-4 可以看出，采用 CT 算法完成这 6 个标签识别，阅读器需要经过 11 次查询。CT 算法的每一个查询周期，只能有一组标签响应阅读器的请求，如果没有发生碰撞，阅读器每次查询最多也只能识别到一个标签。

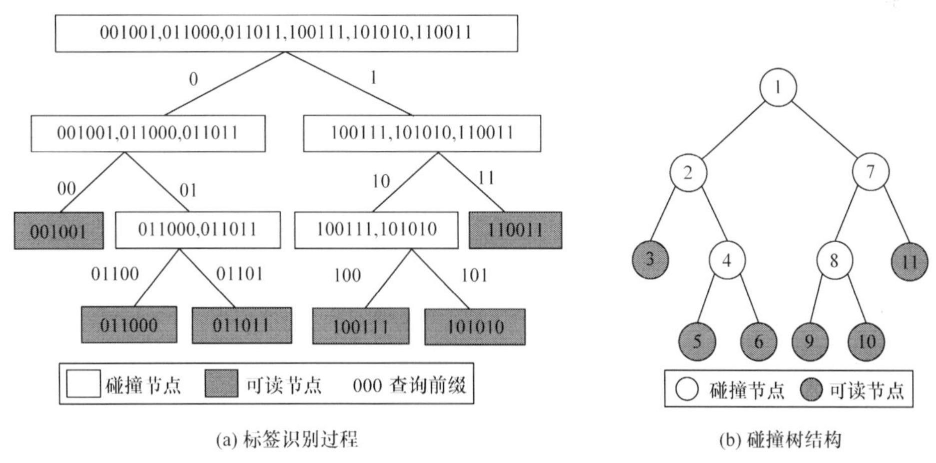

图 8-4　CT 算法识别图 8-3 中标签的过程

表 8-1 和表 8-2 分别列出了采用 BCT 算法和 CT 算法完成标签组{001001，

011000,011011,100111,101010,110011}中标签识别时,阅读器与标签之间的通信过程。从表 8-1 和表 8-2 可以看出,在显著减少阅读器查询次数的同时,BCT 算法在标签识别过程中的数据传输量也明显少于 CT 算法。同时,由于每次发生碰撞,BCT 算法只生成一个新前缀,所以完成这 6 个标签识别,BCT 算法共生成 4 个新前缀,并压入堆栈;而 CT 算法完成这 6 个标签识别,一共生成了 10 个新前缀,并压入堆栈。在堆栈深度方面,BCT 算法要求堆栈深度至少是 2,而 CT 算法要求堆栈深度至少为 3。

表 8-1　BCT 算法实例(图 8-3)中阅读器与标签之间的通信过程

周期	搜索前缀	标签响应	识别状态	生成前缀	堆栈状态
1	Φ	0x10xx 1xxx1x	R0:碰撞 R1:碰撞	0 1	0,1
2	0	01001 110xx	R0:可读:001001 R1:碰撞	— 0110	0110,1
3	0110	00 11	R0:可读:011000 R1:可读:011011	— —	1
4	1	0xx1x 10011	R0:碰撞 R1:可读:110011	10 —	10
5	10	0111 1010	R0:可读:100111 R1:可读:101010	— —	NULL

表 8-2　CT 算法实例(图 8-4)中阅读器与标签之间的通信过程

周期	搜索前缀	标签响应	识别状态	生成前缀	堆栈状态
1	Φ	xxxxxx	碰撞	0,1	0,1
2	0	x10xx	碰撞	00,01	00,01,1
3	00	1001	可读:001001	—	01,1
4	01	10xx	碰撞	01100,01101	01100,01101,1
5	01100	0	可读:011000	—	01101,1
6	01101	1	可读:011011	—	1
7	1	xxx1x	碰撞	10,11	10,11
8	10	xx1x	碰撞	100,101	100,101,11
9	100	111	可读:100111	—	101,11
10	101	010	可读:101010	—	11
11	11	0011	可读:110011	—	NULL

BCT 算法中,如果发生碰撞,阅读器只生成一个新前缀,新前缀由当前前缀和

收到的正确数据位连接构成，所以，阅读器不需要对发生碰撞的数据位进行直接处理。而且，BCT 算法生成的前缀数量比 CT 算法要少，前缀长度也比 CT 算法短，所以在阅读器存储空间方面，以及数据位的比较和处理方面，BCT 算法具有一定的优势。同时，标签在进行编号(ID)和前缀(prefix)匹配的操作和时间上，BCT 算法也具有一定的优势。而且，标签在匹配结束时，以匹配结束后紧邻的一位编号位作为周期选择的判定位，无须重新生成随机数作为周期选择的判定位。因此，整体上讲，BCT 算法在提高 RFID 多标签识别性能的同时，减少了防碰撞算法的存储空间要求，缩短了算法的操作时间，降低了算法的实施复杂度。

进一步对比表 8-1 和表 8-2，以及图 8-3 和图 8-4，可以发现：BCT 算法的每一次查询操作与 CT 算法的三次查询操作存在一一对应的关系。例如：BCT 算法中的第 1 个周期与 CT 算法中的第 1 个周期、第 2 个周期、第 7 个周期相对应；BCT 算法中的第 2 个周期与 CT 算法中的第 2 个周期、第 3 个周期、第 4 个周期相对应；BCT 算法中的第 3 个周期与 CT 算法中的第 4 个周期、第 5 个周期、第 6 个周期相对应；BCT 算法中的第 4 个周期与 CT 算法中的第 7 个周期、第 8 个周期、第 11 个周期相对应；而 BCT 算法中的第 5 个周期与 CT 算法中的第 8 个周期、第 9 个周期、第 10 个周期相对应。

相应地，在描述算法过程的树结构中，如果采用 BCT 算法进行识别，则 CT 算法中的两个孩子节点退缩到其双亲节点。也就是说，CT 算法中两个孩子节点的查询在 BCT 算法相应节点中的两个响应子周期就完成了。因此，如图 8-3(b)和图 8-4(b)所示：碰撞树中的节点 4、节点 5、节点 6 退化到节点 4，形成退化碰撞树中的节点 3；碰撞树中的节点 8、节点 9、节点 10 退化到节点 8，形成退化碰撞树中的节点 5；碰撞树中的节点 2、节点 3、节点 4 退化到节点 2，形成退化碰撞树中的节点 2；碰撞树中的节点 7、节点 8、节点 11 退化到节点 7，形成退化碰撞树中的节点 4；碰撞树中的节点 1、节点 2、节点 7 退化到节点 1，形成退化碰撞树中的节点 1。

从上述过程可知，退化碰撞树的每个节点可以与碰撞树中三个节点构成的节点组，即双亲节点及其两个孩子节点，建立一一对应的关系。节点组退化后形成退化碰撞树中的一个节点，且退化碰撞树中这个节点的位置正好是节点组中双亲节点的位置，如图 8-3 和图 8-4 所示。

因此，退化碰撞树是由其相对应的碰撞树的中间节点构成的，也就是去除碰撞树的叶节点，所得到的树型结构就是该碰撞树所对应的退化碰撞树。所以，可以得到退化碰撞树(degenerate collision tree)的定义。

【定义 8-1】 退化碰撞树是由与其相对应一般碰撞树的中间节点构成的一种特殊树型结构。

图 8-5 给出了 BCT 算法的一个更一般化的多标签识别实例，即采用 BCT 算法识别标签组{111001，001010，110001，011100，110010，110011，001001，000110，

010101,111010}的基本过程。采用 BCT 算法,阅读器每次查询,均可获得两组标签的响应,经过 9 次查询,完成了这 10 个标签的全部识别。在每次查询的两次响应中,可能存在两次碰撞、一次碰撞,或不发生碰撞的情况。但两次响应之间不会产生相互影响,阅读器对它们进行分别处理。如果没有发生碰撞,则识别到标签,如果发生碰撞,则生成一个新前缀,直到完成全部标签的识别。

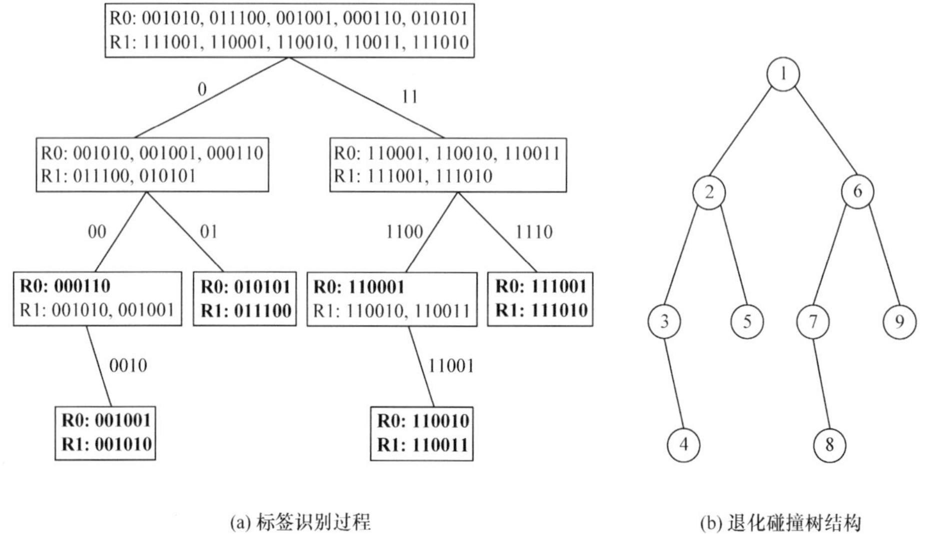

图 8-5 BCT 算法的多标签识别实例

从图 8-3 和图 8-5 还可以看出,退化碰撞树用于描述 BCT 算法的识别过程中,可能存在单分支的情况,因此,退化碰撞树不满足碰撞树的定义,以及碰撞树的基本性质。但是,如定义 8-1 所述,退化碰撞树与碰撞树之间存在一定的必然联系和对应关系,这取决于 BCT 算法和 CT 算法之间的衍生关系,这也是将其定义为退化碰撞树的主要原因。因此,通过退化碰撞树和碰撞树之间的衍生关系,以及 CT 算法的性能,可以对 BCT 算法的基本性能进行分析和评价。

8.4 双响应碰撞树算法性能分析

本节主要根据碰撞树和退化碰撞树的性质,分析 BCT 算法的时间复杂度、通信复杂度、识别效率等主要识别性能,以及它们的稳定性。

8.4.1 时间复杂度

由 8.3 节的介绍,BCT 算法的识别过程可以用退化碰撞树进行描述,因此 BCT 算法的时间复杂度,即完成标签识别所需要的总的查询次数,等于退化碰撞树的节点总数。由定义 8-1 可知，退化碰撞树由其对应碰撞树的中间节点构成。所以 BCT 算法的时间复杂度可以计算如下。

设 n_0 为碰撞树中叶节点的数量，n 为识别标签组中待识别标签数量，n_2 为碰撞树中中间节点的数量，则由碰撞树的性质 4-3，有

$$n_2 = n_0 - 1 \tag{8-1}$$

由于在碰撞树中叶节点的数量等于待识别标签数量，故

$$n_2 = n - 1 \tag{8-2}$$

退化碰撞树由其对应的碰撞树的中间节点构成，也就是说，退化碰撞树的节点总数等于其对应碰撞树的中间节点的数量。而 BCT 算法的时间复杂度等于退化碰撞树中的节点总数，因此，BCT 算法的时间复杂度 $T(n)$ 为

$$T(n) = n - 1 \tag{8-3}$$

进而，BCT 算法的平均时间复杂度 $T_{\text{avg}}(n)$，即平均完成一个标签识别需要的查询周期数为

$$T_{\text{avg}}(n) = T(n)/n = 1 - 1/n \tag{8-4}$$

其中，$n>1$。如果 $n=1$，则 $T(n)=1$，$T_{\text{avg}}(n)=1$。

对式(8-4)取极限，可得

$$\lim_{n\to\infty} T_{\text{avg}}(n) = 1 \tag{8-5}$$

所以，采用 BCT 算法，阅读器平均一次查询就能识别一个标签。

8.4.2 通信复杂度

设 $C(n)$ 为 BCT 算法的通信复杂度，$C_{\text{R}}(n)$ 为 BCT 算法的阅读器通信复杂度，$C_{\text{T}}(n)$ 为 BCT 算法的标签通信复杂度，其中 n 为待识别标签数量，则有

$$C(n) = C_{\text{R}}(n) + C_{\text{T}}(n) \tag{8-6}$$

设 l_{com} 为标签识别过程中命令字的长度，$l_{\text{pre.}i}$ 为阅读器在识别周期 i 中发送的搜索前缀的长度，$l_{\text{rep.}i}$ 为标签在识别周期 i 中响应阅读器请求时发送的二进制位串的长度，则式(8-6)可写为

$$C(n) = \sum_{i=1}^{T(n)} (l_{\text{com}} + l_{\text{pre.}i}) + 2\sum_{i=1}^{T(n)} (l_{\text{rep.}i}) \tag{8-7}$$

其中，$T(n)$ 为完成 n 个标签识别需要的识别周期数，即 BCT 算法的时间复杂度，如式(8-3)所示。

根据 BCT 算法的识别过程，虽然在一个识别周期中，$l_{\text{pre.}i}$ 和 $l_{\text{rep.}i}$ 为两个变量，但是它们正好为标签编号的两个不同部分，且满足

$$l_{\text{ID}} = l_{\text{pre.}i} + l_{\text{rep.}i} \tag{8-8}$$

其中，l_{ID} 为标签编号的长度。

由式(8-3)、式(8-7)、式(8-8)，可以得到 BCT 算法的通信复杂度为

$$
\begin{aligned}
C(n) &= \sum_{i=1}^{T(n)} (l_{\text{com}} + l_{\text{pre}.\,i} + l_{\text{rep}.\,i}) + \sum_{i=1}^{T(n)} l_{\text{rep}.\,i} \\
&= \sum_{i=1}^{T(n)} (l_{\text{com}} + l_{\text{ID}}) + \sum_{i=1}^{T(n)} l_{\text{rep}.\,i} \\
&= (n-1)(l_{\text{com}} + l_{\text{ID}} + \overline{l_{\text{rep}}})
\end{aligned} \tag{8-9}
$$

其中，$\overline{l_{\text{rep}}}$为 $l_{\text{rep}.\,i}$的平均长度。进而，BCT 算法的平均通信复杂度为

$$
\begin{aligned}
C_{\text{avg}}(n) &= C(n)/n \\
&= \frac{n-1}{n}(l_{\text{com}} + l_{\text{ID}} + \overline{l_{\text{rep}}})
\end{aligned} \tag{8-10}
$$

8.4.3　识别效率

防碰撞算法的识别效率是指待识别标签数量与完成这些标签识别所需要的查询周期数量之间的比率。设 $E(n)$为 BCT 算法的识别效率，则由式(8-3)，可得

$$
\begin{aligned}
E(n) &= n/T(n) \\
&= n/(n-1)
\end{aligned} \tag{8-11}
$$

因为 n 为正整数，且 $n>1$，所以：

$$
\lim_{n\to\infty} E(n) = 1 \tag{8-12}
$$

且

$$
E(n) > 100\% \tag{8-13}
$$

故 BCT 算法的识别效率始终超过 100%。

8.4.4　稳定性

防碰撞算法的稳定性是指防碰撞算法的识别性能只与识别标签组中的待识别标签数量有关，而不受其他因素影响的特征，且其平均性能随着标签组标签数目的增加，趋于一个常数。本节主要根据前面对 BCT 算法识别性能的分析结果，对 BCT 算法的性能稳定性做一个简要说明。

根据式(8-3)、式(8-4)、式(8-5)，BCT 算法的时间复杂度 $T(n)$只与待识别标签数量 n 有关，并且平均时间复杂度 $T_{\text{avg}}(n)$的极限趋于 1，所以 BCT 算法的时间复杂度是稳定的。

由式(8-9)、式(8-10)，BCT 算法的通信复杂度除了与待识别标签数量 n 有关外，还受到其他因素的影响。在一个给定的 RFID 多标签识别系统中，命令字的长度 l_{com}和标签编号的长度 l_{ID}均为常量，但是二进制位串的长度 $l_{\text{rep}.\,i}$与标签编号分布和标签组有关系。在不同的分布状态下，对不同标签组的识别过程中，前缀 prefix 的长度可能不同，相应地，标签响应数据信息的长度也不同。所以 BCT 算

法的通信复杂度是不稳定的。但是，由于 $\overline{l_{\text{rep}}}\approx\frac{1}{2}l_{\text{ID}}$，且 $\overline{l_{\text{rep}}}<l_{\text{ID}}$，所以 BCT 算法的通信复杂度仍然处于较强可控范围。

如式(8-11)、式(8-12)所示，BCT 算法的识别效率只与待识别标签数量 n 有关，且其极限趋于 1，所以，BCT 算法的识别效率是稳定的。

8.5　仿真实验及数据分析

CT 算法的识别性能已经在前面章节中与经典防碰撞算法（QT、BT、DBS 和 DFSA 等）做了详细的比较分析。本节主要对 BCT 算法与 CT 算法、多分枝碰撞树（M-ray collision tree，MCT）算法和双前缀探索识别（dual prefix probe scheme，DPPS）算法进行比较与分析。

由于在 CT 算法、BCT 算法、DPPS 算法和 MCT 算法中每个识别周期中的标签响应周期数量分别为 1 个、2 个、2 个和 4 个，本节采用归一化时间复杂度和归一化识别效率来分析比较它们的识别性能和特征。归一化时间复杂度是指平均完成一个标签识别需要的标签响应周期数。归一化识别效率是指标签数量与识别这些标签所需要的标签响应周期数量之间的比率。例如，如果防碰撞算法的一个查询周期对应于 k 个响应周期，则该算法的平均时间复杂度和识别效率归一化处理后分别为：$kT_{\text{avg}}(n)$ 和 $E(n)/k$。归一化处理只是为了便于算法比较和理解，对于算法的实际识别过程和识别性能没有影响。

8.5.1　仿真实验设置

为了防碰撞算法研究比较的连续性，本节延续使用与 CT 算法类似的基本实验设置。实验选用标签编号长度为 96 位，标签数量从 4 个到 4096 个。阅读器的通信命令包括：用于阅读器查询标签的 Query 命令（22 位），用于阅读器通知成功识别标签的 ACK 命令（18 位）。根据标签编号的分布模式，实验设置建立两种实验场景：Scenario S1 和 Scenario S2。

Scenario S1：均匀分布模式，标签组中标签的编号为均匀分布，每一个标签编号中的每一位等概率地获得取值“0”或“1”，但确保标签组中的每一个标签编号具有唯一性。

Scenario S2：连续分布模式，标签组中标签的编号为连续分布，第一个标签的编号随机生成，其后的标签编号依次由其前一个标签编号递增 1 获得。由于标签编号长度为 96 位，所以这种编号生成方式也能够确保标签组中标签编号的唯一性。

同时，RFID 系统中阅读器的查询周期和标签的响应周期设置按照国际标准规范 ISO/IEC 18000-6 Specification 的设置,如图 8-6 所示。阅读器的查询周期持续 800μs,而标签的响应周期持续 3100μs。在多个响应周期的防碰撞算法中,增加响应周期数量,但每个响应周期长度均为 3100μs。

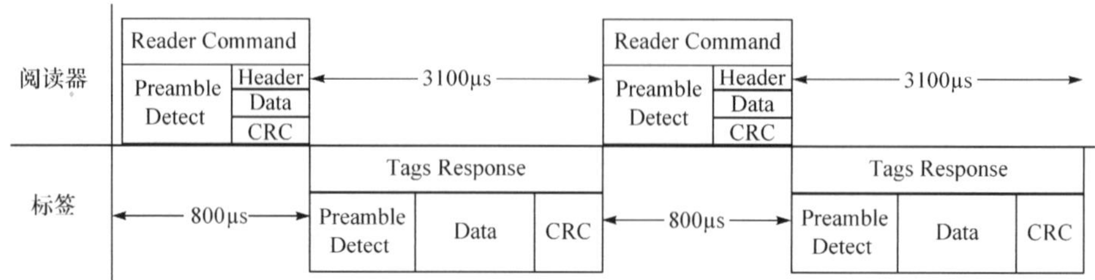

图 8-6 RFID 系统查询-响应周期设置及信息数据格式

8.5.2 时间复杂度、识别效率和识别速度

仿真实验结果如图 8-7～图 8-9 所示,图 8-7 是 BCT 算法和几种对比算法的归一化时间复杂度、归一化识别效率和识别速度等识别性能曲线。如图 8-7(a)所示,无论在均匀分布模式(S1)还是连续分布模式(S2),BCT 算法和 CT 算法平均完成一个标签识别只需要不超过 2 个响应周期。而在这两种情况下,MCT 算法分别需要平均 2.39 个或 2.13 个响应周期,DPPS 算法分别需要平均 2.36 个或 2.20 个响应周期。这主要是因为 BCT 算法和 CT 算法消除了 RFID 多标签识别过程中可能存在的空周期,而 MCT 算法和 DPPS 算法在标签识别过程中增加了空周期。

相应地,BCT 算法和 CT 算法的识别效率均超过 50%,而 MCT 算法和 DPPS 算法的识别效率只有 40%～47%,如图 8-7(b)所示。同时,MCT 算法和 DPPS 算法在均匀分布模式下的识别效率低于其在连续分布模式下的识别效率,也就是说在均匀分布条件下,MCT 算法和 DPPS 算法在 RFID 多标签识别过程中会产生更多的空周期。换句话说,标签编号分布模式会影响 MCT 算法和 DPPS 算法的识别效率,而 BCT 算法和 CT 算法的识别效率不会受到标签编号分布的影响。

图 8-7(c)是 BCT 算法、CT 算法、MCT 算法和 DPPS 算法的平均识别速度,显然,在两种实验场景(S1 和 S2)BCT 算法的平均识别速度都是最快的。当 RFID 标签编号连续分布时,因为减少了阅读器的查询周期数量,MCT 算法的平均识别速度比 CT 算法和 DPPS 算法的平均识别速度快。当 RFID 标签编号均匀分布时,由于空周期数量增加,MCT 算法和 DPPS 算法的平均识别速度比 CT 算法的平均识别速度还低。

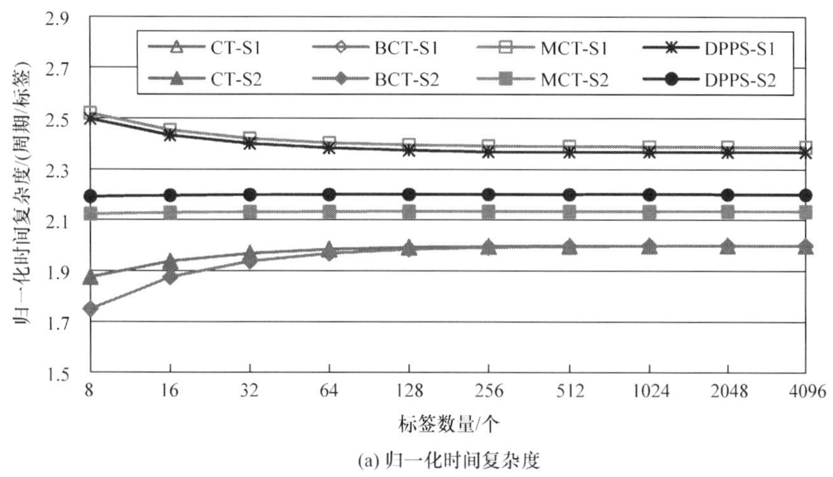

(a) 归一化时间复杂度

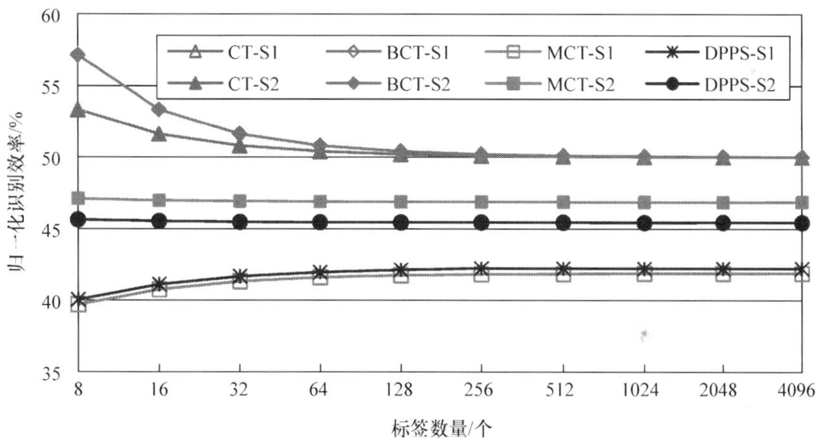

(b) 归一化识别效率

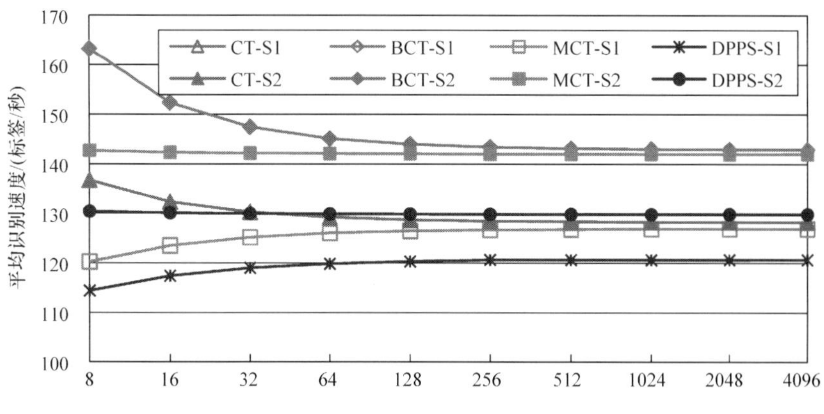

(c) 平均识别速度

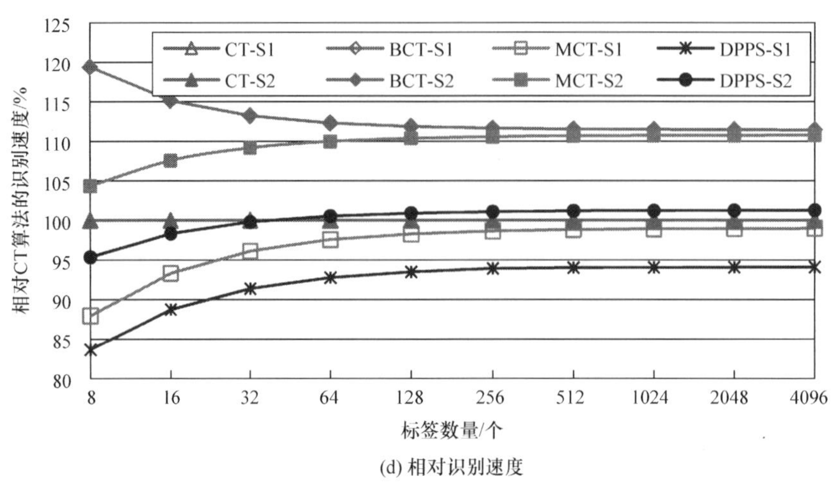

(d) 相对识别速度

图 8-7　CT 算法、BCT 算法、MCT 算法和 DPPS 算法的识别性能(一)

为了进一步明确 BCT 算法识别速度的优势,图 8-7(d)给出了 BCT 算法、MCT 算法和 DPPS 算法相对 CT 算法的相对识别速度。无论 RFID 标签编号如何分布,BCT 算法的识别速度都达到了 CT 算法识别速度的 112%。而在两种情况(S1 和 S2)下,MCT 算法的识别速度分别为 CT 算法识别速度的 98%和 110%,DPPS 算法的识别速度分别是 CT 算法识别速度的 94%和 101%。同时,BCT 算法和 CT 算法的识别速度稳定,不受标签编号分布的影响。

8.5.3　通信复杂度和能量消耗

BCT 算法、CT 算法、MCT 算法和 DPPS 算法的平均通信复杂度、阅读器平均通信复杂度、标签平均通信复杂度和能量消耗情况如图 8-8 所示。如图 8-8(a)所示,在两种实验设置场景下,CT 算法的平均通信复杂度都比其他算法的平均通信复杂度高,平均识别一个标签需要传送 445 位二进制位。MCT 算法在这两种情况下的平均通信复杂度最低,平均识别一个 RFID 标签分别需要传送 370 位或 285 位二进制位。同时,BCT 算法、MCT 算法和 DPPS 算法在标签编号连续分布(S2)时的平均通信复杂度低于标签编号均匀分布(S1)时的平均通信复杂度。

按照实验场景设置中标签编号生成规则,当标签编号连续分布时(S2)阅读器生成的前缀比标签编号均匀分布时(S1)阅读器生成的前缀要长,所以,如图 8-8(b)所示,当标签编号连续分布时这几种防碰撞算法的阅读器平均通信复杂度高于当标签编号均匀分布时的阅读器平均通信复杂度。相反,如图 8-8(c)所示,当标签编号连续分布时这些算法的标签平均通信复杂度低于当标签编号均匀分布时的标签平均通信复杂度。同时，当标签编号连续分布时，几种防碰撞算法的标签平均通信复杂度非常接近。

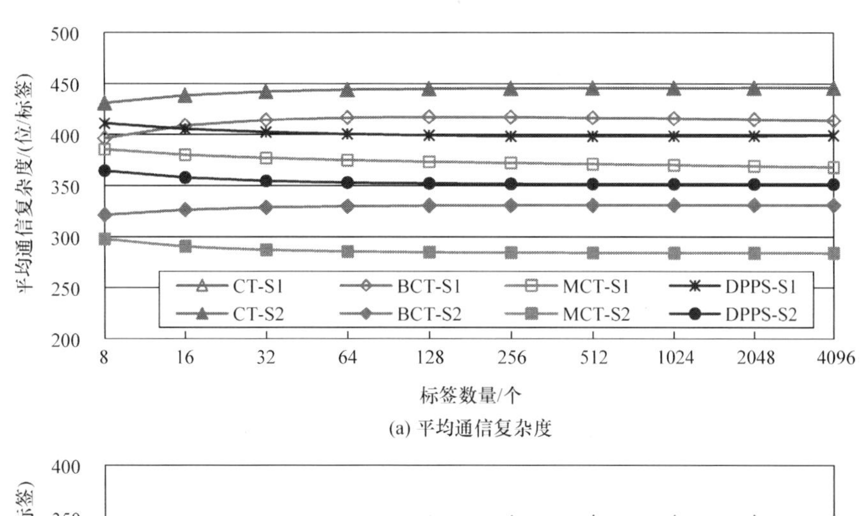

(a) 平均通信复杂度

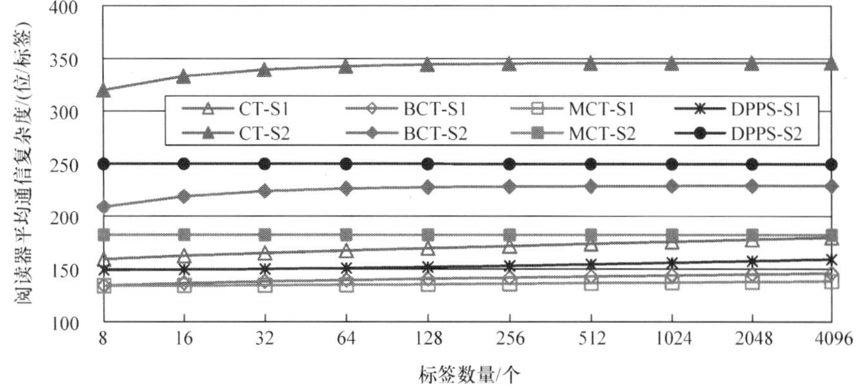

(b) 阅读器平均通信复杂度

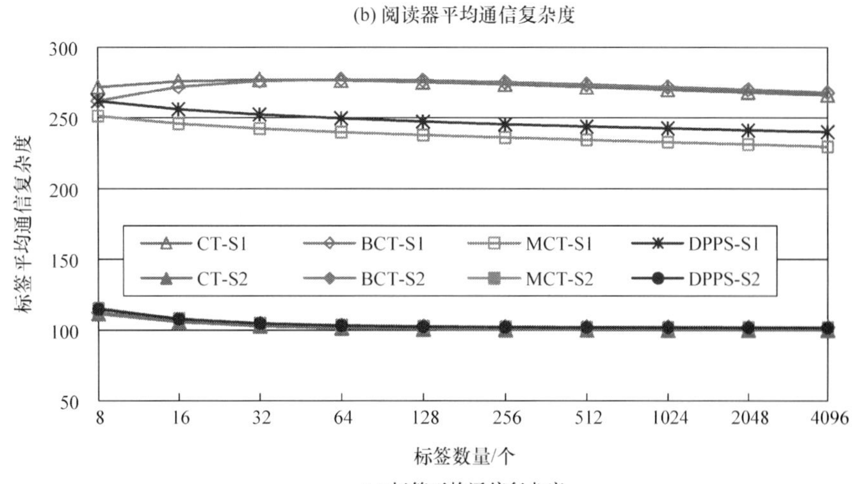

(c) 标签平均通信复杂度

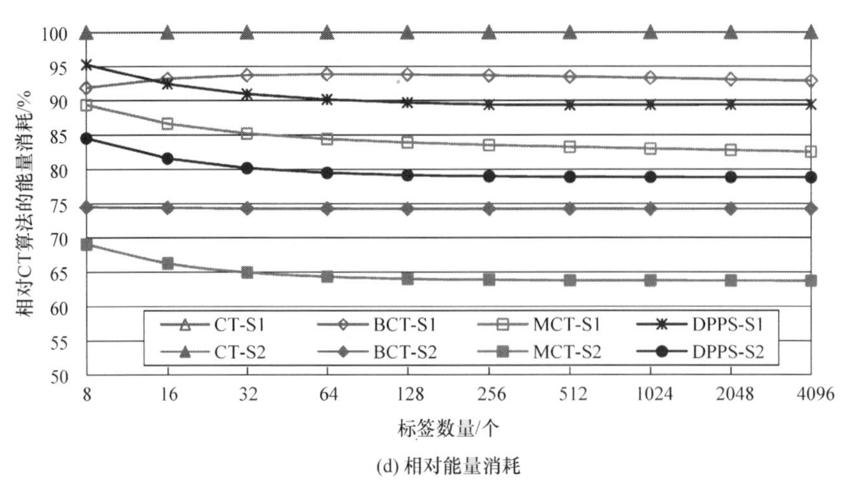

(d) 相对能量消耗

图 8-8　CT 算法、BCT 算法、MCT 算法和 DPPS 算法的识别性能(二)

RFID 多标签识别过程中,阅读器和标签传送二进制位的数量代表了多标签识别过程中 RFID 系统所消耗的能量。仿真实验中 BCT 算法、CT 算法、MCT 算法和 DPPS 算法相对于 CT 算法的能量消耗情况如图 8-8(d)所示。从图中可以看出,BCT 算法、MCT 算法和 DPPS 算法的能量消耗均低于 CT 算法的能量消耗。MCT 算法在两种情况(S1 和 S2)下的能量消耗都是最低的,分别是 CT 算法能量消耗的 84.5%和 64.7%。其次是 BCT 算法,在这两种情况(S1 和 S2)下,BCT 算法的能量消耗分别是 CT 算法能量消耗的 93.2%和 74.3%。

尽管在平均通信复杂度和能量消耗方面,MCT 算法的是这几种防碰撞算法中性能最好的识别算法。但是如图 8-7 所示,MCT 算法的识别效率和识别速度并不如预期那样好,而只有当标签编号连续分布时,MCT 算法的识别速度才接近 BCT 算法的识别速度。这主要是因为 MCT 算法在减少阅读器查询次数的同时,增加了许多空周期(没有标签响应阅读器查询)。本质上这是因为多分支结构并不能保证每一个分支都有标签响应阅读器查询。DPPS 算法在 RFID 多标签识别过程中也存在类似情况,进而影响了其识别性能。

8.5.4　空周期及其影响

在前面部分已经提到空周期对防碰撞算法识别性能的影响,本部分专门对 MCT 算法和 DPPS 算法在 RFID 多标签识别过程中的空周期情况进行分析。由于 CT 算法和 BCT 算法在 RFID 多标签识别过程中没有空周期,所以本节没有列举 CT 算法和 BCT 算法的情况。图 8-9 列出了 MCT 算法和 DPPS 算法在 RFID 多标签识别过程中空周期的比例,以及因此而增加的碰撞周期比例和降低的识别效率比例。

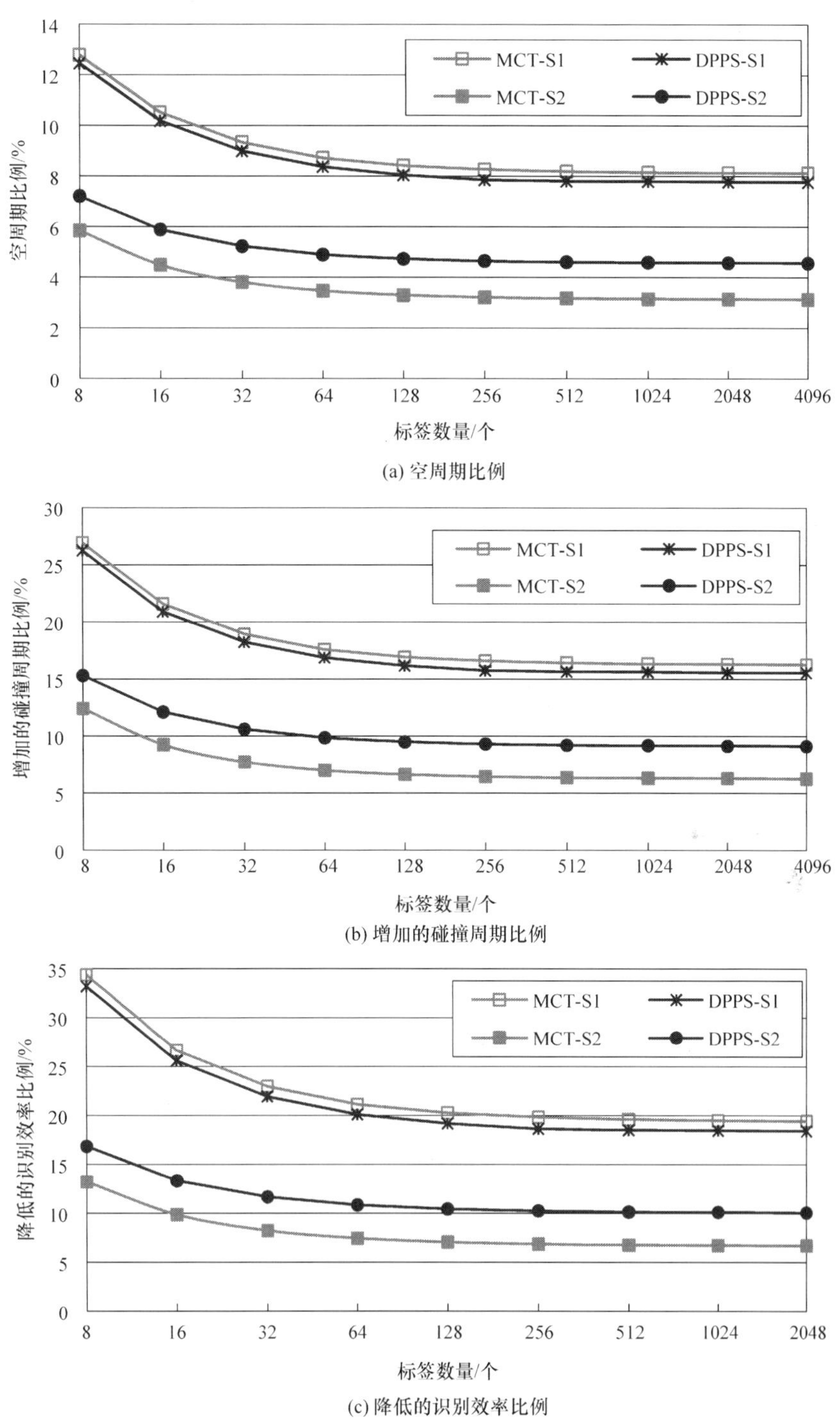

(a) 空周期比例

(b) 增加的碰撞周期比例

(c) 降低的识别效率比例

图 8-9　空周期对防碰撞算法的影响

如图 8-9(a)所示,当标签编号均匀分布(S1)时,MCT 算法和 DPPS 算法中分别存在超过 8.1%和 7.7%响应周期为空周期,当标签编号连续分布(S2)时,两种算法的空周期比例为 3.2%和 4.5%。由于空周期的影响,MCT 算法在实验场景 S1 和 S2 中分别增加的碰撞周期比例 16.4%和 6.3%,而 DPPS 算法在实验场景 S1 和 S2 中分别增加的碰撞周期比例 15.2%和 9.6%,如图 8-9(b)所示。相应地,如图 8-9(c)所示,因为空周期比例和碰撞周期比例的增加,当标签编号均匀分布和连续分布时,MCT 算法降低的识别效率比例为 19.5%和 6.7%,DPPS 算法降低的识别效率比例为 18.5%和 10.2%。

基于上述分析,除了标签分裂或分组方法的影响,空周期是影响 RFID 多标签识别防碰撞算法识别性能的重要因素。它会影响 RFID 系统标签识别性能,增加算法的时间复杂度和能量消耗,降低标签识别效率和识别速度。BCT 算法的识别性能之所以优于其他防碰撞算法,就在于其消除了 RFID 多标签识别过程中的空周期。

8.6 小　　结

本章根据 RFID 多标签识别过程,以及碰撞和防碰撞的特点,基于碰撞树算法和双响应机制,介绍了 BCT 算法的基本原理和工作过程,分析了 BCT 算法的识别性能。BCT 算法有效降低了算法的时间复杂度和通信复杂度,提高了 RFID 标签识别速度。虽然 BCT 算法查询-响应周期稍长,但其识别速度仍然快于 CT 算法、MCT 算法和 DPPS 算法的识别速度。同时,BCT 算法也大大降低了多标签识别过程中的数据传输位数,使 RFID 系统在完成多标签识别过程中的系统能耗显著降低。

因为 BCT 算法的标签响应仅依赖当前收到的查询前缀,而与标签识别的查询和响应历史无关,BCT 算法属于非记忆防碰撞算法,适用于无源被动 RFID 系统解决标签碰撞问题。同时,BCT 算法简单、高效、易于实现,可应用于自动控制系统、流水线生产系统、大规模数据采集、后勤保障和仓储管理等大规模 RFID 系统。另外,BCT 算法通过一次查询请求,完成两组标签的查询和识别,也可用于高性能 RFID 多标签并行识别和处理系统的研究和应用。

第 9 章　动态 RFID 系统多标签识别技术

9.1 引　　言

随着物联网技术的发展和应用，作为其支撑技术之一的动态 RFID 技术也得到飞速发展，动态 RFID 多标签识别技术在物联网中的应用越来越广泛。例如，智能仓储系统的物品检测与盘点系统中，动态 RFID 阅读器连续不断地扫描 RFID 标签标识的物品；生产企业或仓储系统的出入口商品管理系统中，附着 RFID 标签的物品动态经过 RFID 阅读器的阅读范围；等等。

传统的 RFID 多标签识别算法通常假定 RFID 多标签识别系统为静态系统，即在 RFID 多标签识别过程中没有标签进入或离开阅读器的识别范围，也就是在 RFID 标签识别过程中阅读器识别域中的标签数量不变。因此，传统的 RFID 防碰撞算法不能满足动态 RFID 系统中多标签识别的要求，否则阅读器无法完成标签的完全识别。

由于基于树搜索的 RFID 多标签识别算法的识别延迟较长，所以目前动态 RFID 防碰撞算法研究主要集中在基于 ALOHA 的多标签识别方法。本章介绍一种基于 CT 算法的动态 RFID 多标签识别方法，即动态碰撞树（dynamic collision tree，DCT）算法[28]。DCT 算法能够识别动态进入阅读器识别范围的 RFID 标签，其标签识别率和识别速度远优于基于 ALOHA 的动态识别方法。

本章后续内容主要包括如下几个方面：

9.2 节为动态 RFID 系统模型，主要介绍动态 RFID 系统多标签识别模型，包括动态 RFID 系统结构、标签动态进入方式，以及相关参数设置等。

9.3 节为 DCT 算法，主要介绍 DCT 算法的基本思想、阅读器和标签工作过程、动态碰撞树结构，以及 DCT 算法的识别性能。

9.4 节为 DCT 算法动态性能分析，主要介绍动态 RFID 系统的工作负载，以及 DCT 算法的标签识别速度、标签识别延时和标签识别率。

9.5 节为仿真实验及数据分析，根据动态识别模型，对 DCT 算法进行仿真实验，并对实验结果数据进行分析评价。

9.2　动态RFID系统模型

动态RFID系统仍然由RFID阅读器和若干RFID标签构成。与静态RFID系统不同的是,动态RFID系统允许RFID标签动态进入或离开阅读器的识别区域。动态RFID系统可以是阅读器移动或标签移动,也可以是它们都处于运动状态。图9-1给出了一个简易动态RFID多标签识别自动控制系统的系统结构和工作流程。系统主要由RFID多标签识别系统、标签流量控制机构、标签速度控制机构和标签回收系统构成。

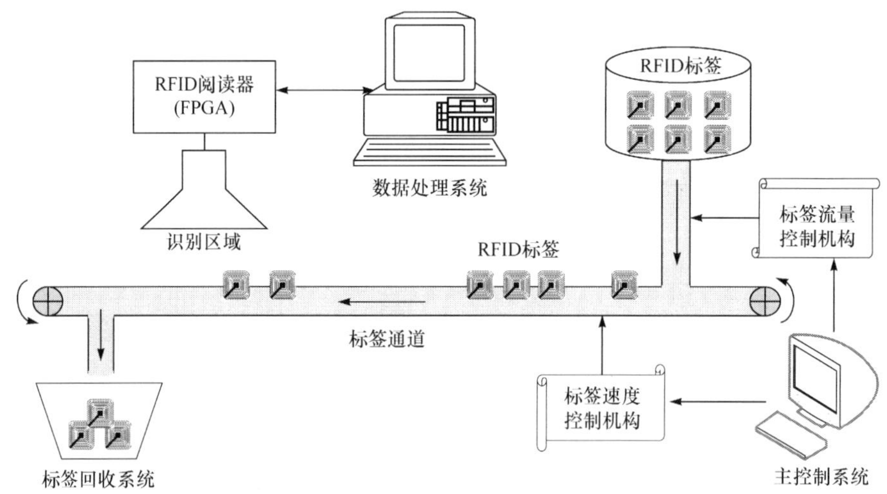

图9-1　动态RFID多标签识别系统模型

识别系统主要完成RFID标签检测和防碰撞处理,其中阅读器的功能可以采用FPGA实现。标签流量控制机构主要控制每次投放到标签通道的标签数量和投放时间。标签速度控制机构主要控制标签通道的行进速度。标签通道主要由传动装置构成,配置防滑功能。标签通道的速度决定了标签进入阅读器识别区域时的行进速度。主控制系统负责管理和控制标签流量控制机构和标签速度控制机构,并协调控制系统的工作。通道将标签动态地带入阅读器的识别区域,阅读器完成识别区域内标签的动态识别。标签回收系统负责回收通道下来的标签,并对标签进行计数统计,以方便系统核实是否漏读或重读标签。数据处理系统负责标签识别的后台处理和系统管理,并对主控制系统和标签回收系统进行必要的管理和相关数据的采集处理。

标签流量控制机构调节投放到传送系统或标签通道上的标签密度控制标签进入系统的速度。标签进入系统的线密度为d_0(tag/m),根据需要可动态调整。传送装置(传送带)将附着在物品上的 RFID 标签带入并通过阅读器的识别区域。标签通道(传送带)的运行速度,即标签通过阅读器识别区域的速度为 v_0(m/s)。阅读器位于传送系统上方,阅读器识别区域投影到标签通道上的长度为 L(m),标签只能在通过此区域时被阅读器识别。标签通过识别区域完成识别后进入标签回收系统被回收。回收后的标签状态被重新初始化,可以重新投放系统参与识别实验,以减少实验过程中的物理标签用量。

9.3　动态碰撞树算法

9.3.1　动态碰撞树算法基本过程

DCT 算法仍然采用曼彻斯特编码对标签响应进行编码,进而实现对标签编号中碰撞位的跟踪和对正确位的识别。图 9-2 中伪代码描述了 DCT 算法中阅读器和标签的基本工作流程,包括阅读器查询(reader query)、标签响应(tag respond)、标签识别(reader identify)三个部分。由于附着标签的物品随着传送带动态进入或离开阅读器识别区域,所以阅读器不断重复 RFID 标签识别过程,直到有外部命令或其他原因终止该识别过程。因而,伪代码中 While 循环的控制参数被设置为全局变量(noStop),由外部命令通过设置该全局变量的值来终止标签识别过程。同时,一旦堆栈为空(NULL),则阅读器压入空字符串(ε)到堆栈,以重新初始标签识别过程。

阅读器从堆栈中弹出一个前缀(prefix):P[0,…,$k-1$],以该前缀为参数发送命令 Query(prefix)查询识别区域中的待识别标签,并等待标签响应。如果前缀为空串(ε),则所有待识别的标签发送其标签变化,以响应阅读器的查询。否则,收到阅读器查询命令的待识别标签从命令中提取前缀,并将前缀与自己的标签编号进行比较。如果比较结果为真,即两者相匹配,则标签发送其标签编号中与前缀匹配后余下的部分,以响应阅读器的查询。如果比较结果不为真,即标签编号与前缀不匹配,则标签不做任何响应。

如果阅读器接收到标签响应(tagID),且响应 tagID=P[k,…,$n-1$]中发生碰撞,则阅读器生成两个新前缀:P[0,…,$k+j-1$]+“0”和 P[0,…,$k+j-1$]+“1”,并将它们压入堆栈,这里 j 是标签响应(tagID)中首位碰撞位的位置。如果标签响应(tagID)中没有发生碰撞,则阅读器成功识别到一个标签,且标签编号位 P[0,…,$k-1$,k,…,$n-1$]。识别到标签后,阅读器向该标签发送休眠命令 Sleep(tagID),通知该标签被识别状态,使其不再响应阅读器的后续查询命令。

如果阅读器没有接收到标签响应,则阅读器从堆栈中弹出一个新前缀,继续标签识别过程。由于标签识别过程中不断有新前缀生成,同时当堆栈为空时,阅读器

```
// DCT-Query(), Respond(), Identify(), repeatedly
// 堆栈为前缀池，初始化为空NULL
while (notStop==True)  // 变量notStop由外部命令设置
//  Query ()，阅读器查询过程
  if (Stack==NULL)
    PUSH(ε)  // 将空串压入堆栈
  end if
  prefix=POP() // 从堆栈中获取前缀参数
  send Query(prefix)   // 发送查询命令
// Respond()，标签响应过程
  if (unidentified)  // 等待识别的标签接受查询
    get Query(prefix)   // 获取查询命令
    get prefix       // 提取前缀
    if (prefix==ε)
      Transmits ID[0,···, n−1] // 响应阅读器查询
    else     // say prefix=P[0,···, k−1]
      if (ID[0,···, k−1]==prefix)   // 编号匹配
        Transmits ID[k,···, n−1]   // 响应阅读器查询
    end if   // 否则，不予响应
  end if
// Identify()，阅读器识别过程
  if (tag responded) //  如果有标签响应
    get tagID=P[k,···, n−1]    // 获取标签响应信息
    if (collided in tagID)   // 进行碰撞处理
      j=index of the first collided bit in tagID
      prefix0=prefix+P[k,···, k+j−1]+0=P[0,···, k+j−1]+"0"
      prefix1=prefix+P[k,···, k+j−1]+1=P[0,···, k+j−1]+"1"
      PUSH(prefix0, prefix1)   // 生成新前缀，并入栈
    elseif (no collided in tagID)   // 进行标签识别处理
      ID=prefix+tagID=P[0,···,k−1,k,···, n−1]    // 标签编号
      send Sleep(ID)   // 通知标签休眠
    end if
  end if
end while
```

图 9-2 DCT 算法工作流程的伪代码

会置入空串以保证堆栈不空和识别过程能够持续执行，所以除非有外部命令终止该标签识别过程，阅读器都将持续不断地查询和识别进入其识别区域的待识别标签。

9.3.2 动态碰撞树结构

DCT 算法直接根据标签响应中碰撞位情况生成新前缀，并对 RFID 标签进行分组识别，其识别过程仍然可以用碰撞树来描述。但是由于 DCT 算法是一个动态识别过程，所以描述其识别过程的碰撞树会随着标签的进入和识别动态调整：插入或删除节点，因此，称之为动态碰撞树。动态碰撞树的中间节点和叶节点分别与标签识别过程中的碰撞周期和可读周期一一对应，因此，它们也分别称为碰撞节点和标签节点。

DCT 算法的 RFID 多标签识别过程及动态碰撞树结构如图 9-3 所示。阅读器从左至右扫描碰撞树，一旦扫描到叶节点，阅读器完成该节点中标签的识别。图 9-3(a)是当前识别区域中标签对应的动态碰撞树，包含 0010、0100、0101 和 1010 四个标签。如果识别过程中有新的标签进入识别区域，则根据新到标签编号情况，将其插入动态树中。如标签 0110 进入阅读器的识别区域，由于其编号 0110 正好大于标签 0101，所以将其插入节点 6 的右边，即图 9-3(b)中节点 8 和节点 9。

因为碰撞树中叶节点与 RFID 标签一一对应，阅读器每扫描到一个叶节点即可识别一个标签，如图 9-3(b)中节点 5 的标签 0100。叶节点中标签被识别后，则删除该叶节点及其双亲节点，如图 9-3(c)所示，节点 4 和节点 5 被删除，节点 6 替代节点 4 的位置。RFID 标签不断地进入、识别、离开阅读器识别区域，碰撞树也随着标签的进入、识别、离开动态变化，DCT 算法在此过程中完成 RFID 标签的识别。

如图 9-3 所示，虽然树中节点动态调整，动态碰撞树仍然是满二叉树，树中每一个节点要么没有孩子节点，要么有两个节点。同时，动态碰撞树继承了碰撞树的基本属性，所以动态碰撞树中叶节点（标签节点）、中间节点（碰撞节点）和总节点数量分别位 n，$n-1$ 和 $2n-1$，其中 n 为待识别标签数量。

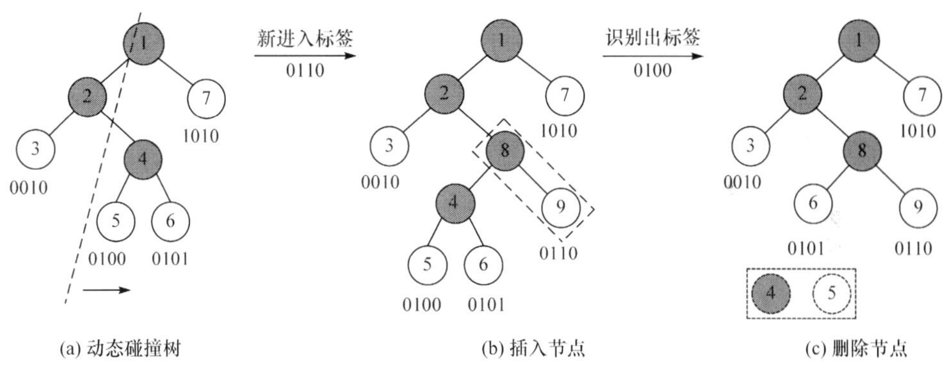

图 9-3　DCT 算法工作过程

9.3.3　动态碰撞树算法识别性能

DCT 算法的识别过程与扫描动态碰撞树中叶节点的过程一致，所以 DCT 算法的时间复杂度（$T(n)$）等于动态碰撞树中节点总数，其中 n 为待识别标签数量。

$$T(n)=2n-1 \tag{9-1}$$

而 DCT 算法的平均时间复杂度（$T_{avg}(n)$）为

$$T_{avg}(n)=T(n)/n=2-1/n \tag{9-2}$$

同时

$$\lim_{n\to\infty}T_{avg}(n)=2 \tag{9-3}$$

综上，DCT 算法平均识别一个标签只需要 2 个查询-响应周期。假设 RFID 系统查询-响应周期的长度为 t_0，则 DCT 算法的平均单个标签识别时间(t_i)为

$$t_i = 2t_0 \tag{9-4}$$

所以，DCT 算法的平均识别速度(N_i)，即平均每秒识别标签的数量为

$$N_i = 1/(2t_0) \tag{9-5}$$

由式(9-1)，DCT 算法的识别效率($E(n)$)为

$$E(n) = n/T(n) = n/(2n-1) \tag{9-6}$$

同时

$$\lim_{n\to\infty} E(n) = 1/2 = 50\% \tag{9-7}$$

由上述讨论，DCT 算法的基本识别性能只与 RFID 待识别标签数量有关，而且其平均识别性能趋于一个常数。根据防碰撞算法稳定性的定义，DCT 算法是一种稳定的 RFID 多标签识别防碰撞算法。

9.4 动态碰撞树算法动态性能分析

在静态 RFID 系统中，阅读器有充足的时间去完成其识别区域内的 RFID 标签。但是在动态 RFID 系统中，除了动态进入系统的标签可能干扰标签识别以外，标签进入系统的速度和数量也会影响 RFID 标签识别。如果进入系统的标签数量和速度不受控制，就会致使部分标签在完成识别之前被移除识别区域。因此，本节主要讨论 RFID 系统及 DCT 算法的动态识别特征，包括动态 RFID 系统工作负载、标签进入速度、标签识别延时、标签识别率。

9.4.1 动态 RFID 系统工作负载

动态 RFID 系统工作负载是阅读器单位时间(每秒)能够识别 RFID 标签的最大数量。由式(9-3)，DCT 算法阅读器平均每两个周期识别一个标签，所以动态 RFID 系统工作负载(N_{max})为

$$N_{max} = L/(2t_0 v_0) \tag{9-8}$$

其中，t_0 是 RFID 系统查询-响应周期的时间长度；L 是传送带上阅读器识别区域的长度；v_0 是传送带行进速度。换句话说，阅读器识别区域最大待识别标签的数量为 N_{max}，只要在阅读器识别区域中的待识别标签数量不超过工作负载，则阅读器能够正确识别所有这些标签。

9.4.2 标签进入速度

如图 9-1 所示，RFID 标签以密度 d_0 投放到传送带，并以速度 v_0 行进并通过识别区域，所以每秒钟进入阅读器识别区域的标签数量，即标签进入速度(n_{in})为

$$n_{in}=t_0 v_0 \tag{9-9}$$

同时,标签通过阅读器识别区域的时间(t)为

$$t=L/v_0 \tag{9-10}$$

而阅读器识别区域中的待识别标签数量(n)为

$$n=tn_{in}=Ld_0 \tag{9-11}$$

为了保证动态 RFID 系统中的所有标签都能够被正确识别,进入阅读器识别区域的标签数量不能超过系统工作负载,即

$$n\leqslant N_{max} \tag{9-12}$$

或者

$$Ld_0\leqslant L/(2t_0 v_0) \tag{9-13}$$

因此,标签投放密度、传送带行进速度、标签进入速度需要满足下述条件:

$$d_0 v_0\leqslant 1/(2t_0) \tag{9-14}$$

或者

$$n_{in}\leqslant 1/(2t_0)=N_i \tag{9-15}$$

综上所述,当标签进入速度(n_{in})不超过阅读器的平均识别速度(N_i),或者阅读器识别区域中待识别标签数量(n)不超过系统工作负载(N_{max})时,DCT 算法能够识别该动态 RFID 系统中的所有标签。同时,可以通过调整标签投放密度(d_0)控制标签进入识别区域的速度(n_{in})。

9.4.3　标签识别延时

DCT 算法中,阅读器通过不断扫描识别区域待识别 RFID 标签。进入该动态 RFID 系统的标签一般可以在两次扫描过程中被阅读器识别出来:一次是当前扫描(current scan)过程,另一次是后继扫描(follow-up scan)过程。如新进入识别区域的标签编号大于当前正在识别或者刚刚识别完成的标签编号,则新进标签被插入识别扫描线的右侧,其能够在当前扫描中被阅读器识别,如图 9-3 中的标签 0110,否则,将该新进入标签插入扫描线的左侧,其能够在后继扫描中被阅读器识别,如图 9-3 中的标签 0010。

如果新进标签的编号是扫描线右侧标签集合中最小的一个,则该标签会在下一个查询周期被阅读器识别。也就是说,标签一旦进入识别区域,就被阅读器识别出来。所以这种情况下,标签在系统中的识别延迟(identification delay)最小。相反,如果新进标签的编号是扫描线左侧标签集合中最大的一个,则该标签会在后继扫描周期最后被识别出来。也就是说,标签进入识别区域后,直到其离开识别区域前才能被阅读器识别。这种情况下,标签在系统中的识别延时最大。

由于 RFID 标签编号随机分布或均匀分布,进入系统识别区域的标签被阅读器等概率识别,也就是标签在从第 1 个查询周期到第 $2n-1$ 个查询周期中被识别

的概率相等。所以,该动态 RFID 系统中,标签的平均识别延迟(t_d)为

$$t_d = \frac{1}{n}\sum_{i=1}^{n}(2i-1)t_0 = nt_0 \tag{9-16}$$

其中,n 为待识别标签数量,并且 $1 \leqslant n \leqslant N_{max}$,$t_0$ 是系统查询-响应周期的长度。

9.4.4 标签识别率

标签识别率(identification rate)是阅读器正确识别其识别区域中标签的比率,即阅读器识别正确到的标签数与通过阅读器识别区域的标签总数之比。根据 DCT 算法的识别过程和上面的分析,如果进入阅读器识别区域中的标签满足 $n < N_{max}$ 或者 $n_{in} < N_i$,则阅读器能够正确识别所有标签,并且至少存在一个空周期,阅读器处于空载(idle load)状态,等待新的待识别标签进入识别域。因此,这种情况下,DCT 算法的标签识别率为 100%。

如果动态 RFID 系统一直处于满负载工作状态,即 $n = N_{max}$,并且 $n_{in} = N_i$,则阅读器始终处于忙状态,且没有空周期。在这种情况下,如果存在标签 T_u 在未被识别之前被移除阅读器识别区域,即被漏读,则标签 T_u 进入标签识别区域后,有其他 N_{max} 个标签先于该标签被阅读器识别。而标签 T_u 之后新进入识别区域的标签必须满足如下要求:

在当前扫描过程中,如果新进入标签的编号大于标签 T_u 的编号,则该标签的编号还必须大于当期正在识别或刚刚识别的标签的编号。在后继扫描过程中,新进入标签的编号必须小于标签 T_u 的编号,而且新进入标签的编号还必须大于当期正在识别或刚刚识别的标签的编号。直观来讲,对于一个实际 RFID 系统,这一要求非常特殊,几乎无法满足。如果标签编号均匀分布或随机分布,标签不会按照编号递增的方式进入识别区域。如果标签编号连续分布,由于标签 T_u 本身就属于这一标签集合,它在被移出识别区域之前就一定被阅读器识别。

从概率的角度分析,一个标签在标签 T_u 之前或之后被识别的概率均为 1/2,而 N_{max} 个标签先于标签 T_u 被识别的概率为 $(1/2)^{N_{max}}$。因此,一个标签在识别之前被移出识别区域的概率为

$$p_1 = (1/2)^{N_{max}} \tag{9-17}$$

而在这种情况下,j 个未被识别的标签被移出识别区域的概率为

$$p_j = (1/2)^{jN_{max}} \tag{9-18}$$

可见,j 越大,p_j 越小,取 $j=1$,所以,$n = N_{max}$,$n_{in} = N_i$ 时,DCT 算法的标签识别率为

$$p_i = 1-(1/2)^{N_{max}} \tag{9-19}$$

由于在实际 RFID 系统中,N_{max} 是超过 100 的正整数,所以 $p_i = 1$。因此,当 $n_{in} \leqslant N_i$ 时,DCT 算法的识别率为 100%。

9.5　仿真实验及数据分析

为了验证 DCT 算法的动态识别性能，本章选择一种识别性能较好的基于 ALOHA 的动态 RFID 多标签识别防碰撞算法，即基于调度策略的防碰撞(schedule-based anti-collision,SAC)算法[29]，并将其与 DCT 算法进行性能对比分析。但是 SAC 算法考虑的是标签按照常数动态到达方式进入识别区域，即标签进入阅读器识别区域的速度和数量是恒定的，而 DCT 算法中标签可以自由且动态地进入阅读器识别区域，也就是 DCT 算法允许进入识别区域的标签数量和速度可以根据实际需要动态调整。

基于图 9-1 所示动态 RFID 系统模型建立仿真实验系统。仿真实验中阅读器和标签的查询-响应周期及信息格式参照国际标准 ISO/IEC 18000-6 格式，如图 9-4 所示。其中，阅读器查询周期长度为 800μs，标签响应周期长度为 3100μs，所以查询-响应周期长度为 3900μs，即 t_0 为 0.0039s。假设阅读器识别区域长度 L 为 2m，传送带行进速度 v_0 为 1m/s，则标签通过阅读器识别区域的时间为 2s。通过调整标签投放密度 d_0，可以调整进入识别区域的速度 n_{in}，以满足实验验证的需要。图 9-5～图 9-7 列举了 DCT 算法和 SAC 算法的动态 RFID 多标签识别性能仿真实验的结果。

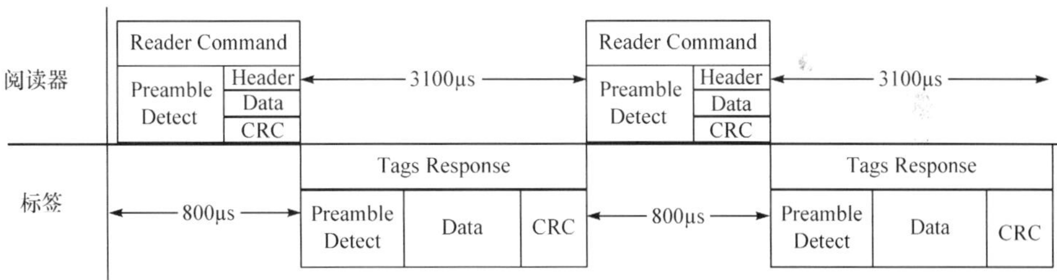

图 9-4　阅读器和标签的查询-响应周期设置及信息数据格式

图 9-5 是当标签的进入速度比，即标签进入速度(n_{in})与 DCT 算法的最大识别速度(N_i)之间的比值(n_{in}/N_i)从 0.1 增加到 1.0 时，DCT 算法和 SAC 算法的动态标签识别率。可见，DCT 算法的识别率为 100%，而当标签进入速度增加到 DCT 算法识别速度的 60%以后，SAC 算法的识别率明显降低。这主要是因为 DCT 算法的识别速度快于 SAC 算法的识别速度，而且 SAC 算法的识别效率受限低于 36.8%。

图 9-6 是当标签的进入速度比(n_{in}/N_i)从 0.1 增加到 1.0 时 DCT 算法和 SAC 算法的标签识别速度(identification speed)。随着标签进入速度的增加，DCT 算法的识别速度逐渐增加，当进入速度比达到 1.0，并且 $n \leqslant N_{max}$ 时，DCT 算法的识

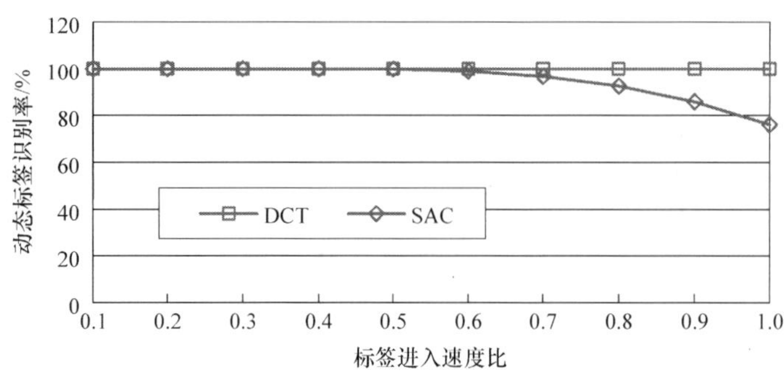

图 9-5　防碰撞算法的动态标签识别率

别速度达到最大,并稳定在最大识别速度(N_i)。而 SAC 算法的识别速度开始时随着标签进入速度的增加而增加,但是当进入速度或标签数量增加到一定程度后,SAC 算法的识别速度不再增加,甚至当进入速度比超过 60%时,SAC 算法的识别速度还有所降低。这主要是因为 DCT 算法消除了 RFID 多标签识别过程中的空周期,而识别区域内标签数量的剧烈变化会导致 SAC 算法产生更多的空时隙,降低 SAC 算法的识别速度。

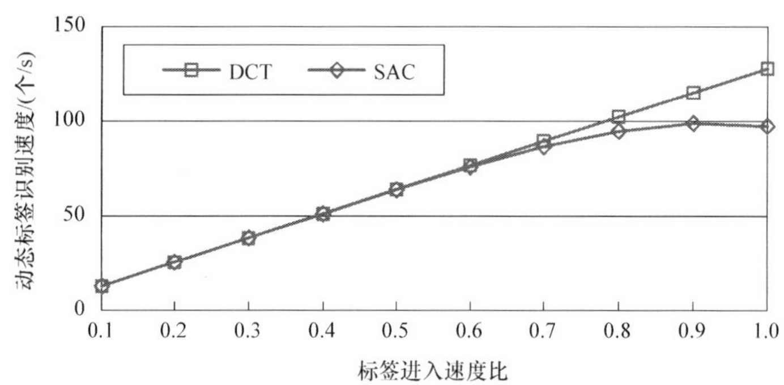

图 9-6　防碰撞算法的动态标签识别速度

图 9-7 是当标签的进入速度比(n_{in}/N_i)从 0.1 增加到 1.0 时 DCT 算法和 SAC 算法的标签识别延时(identification delay)。DCT 算法和 SAC 算法的平均识别延时(图中 DCT-Avg 和 SAC-Avg)是识别样本集合中所有标签的统计平均值。DCT 算法的最大识别延时(图中 DCT-Max)是每次实验中最大延时的平均值,而不是实验过程中识别延时的最大值。因为随着标签数量的增加,部分标签在 SAC 算法完成识别之前就被移出识别区域,所以图 9-7 中没有给出 SAC 算法的最大识别延时。仿真实验结果表明,SAC 算法的平均识别延时比 DCT 算法的平均识别延时要长很多,甚至还会超过 DCT 算法的最大识别延时。

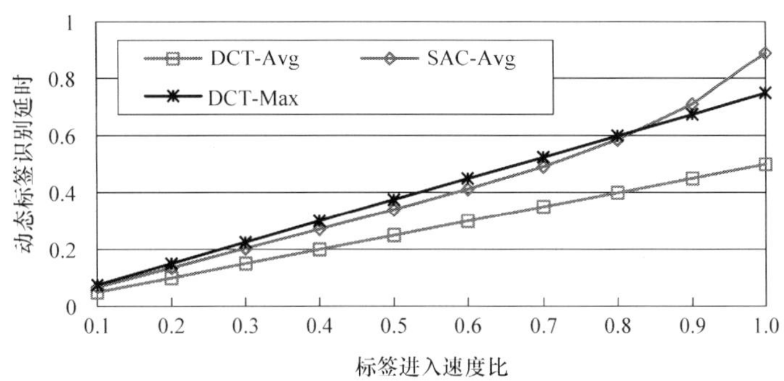

图 9-7　防碰撞算法的动态标签识别延时

9.6 小　结

本章介绍了一种适用于动态 RFID 系统的多标签识别防碰撞方法,即 DCT 算法。DCT 算法能够应用于阅读器运动、标签运动或它们都运动的 RFID 系统,识别动态进入阅读器识别区域的 RFID 标签或附着 RFID 标签的目标对象。理论分析表明:DCT 算法的识别性能不低于其源算法,即 CT 算法的识别性能,其识别效率处于 50%以上。当识别区域内待识别标签数量不超过 RFID 标签识别系统工作负载时,DCT 算法的识别率为 100%。仿真实验结果验证了 DCT 算法的性能特征,同时表明 DCT 算法的识别率和识别速度优于基于 ALOHA 的动态识别算法 SAC 的识别率和识别速度。DCT 算法继承了 CT 算法的特征优势,可以适用于各种动态或静态 RFID 多标签识别系统,解决标签碰撞问题、动态标签识别问题等。

第 10 章　RFID 多标签识别相关技术

10.1　引　言

CT 算法以简单直接的方式解决了 RFID 多标签识别过程中的标签碰撞问题，识别性能远优于其他树型算法和 ALOHA 型算法，开启了基于碰撞树的防碰撞算法分支体系，为 RFID 多标签识别技术研究奠定了基础。前面章节详细介绍了 CT 算法和几种基于碰撞树的典型 RFID 多标签识别算法，本章将简要介绍碰撞树相关的 RFID 多标签识别技术方法，包括碰撞树算法的硬件实现方法、碰撞树窗口识别算法、双前缀搜索识别算法、多分支碰撞树算法、自适应碰撞树算法等。

本章后续内容主要包括如下几个方面：

10.2 节为 CT 算法硬件系统实现，主要介绍 CT 算法的硬件系统实现方法，包括硬件系统逻辑模块、CT 算法状态机及工作过程、系统控制信号及主要功能设置。

10.3 节为碰撞树窗口(CwT)算法，主要介绍 RFID 系统数据通信模型及能耗、位窗口的基本概念、碰撞树窗口算法的基本思路和识别过程。

10.4 节为双前缀搜索识别(DPPS)算法，主要介绍 DPPS 算法用到的主要识别命令规格，DPPS 算法的标签识别处理过程，以及算法示例。

10.5 节为多分支碰撞树(MCT)算法，主要介绍多分支碰撞树的基本结构，MCT 算法中阅读器和标签工作过程，以及 MCT 算法的 RFID 多标签识别示例。

10.6 节为自适应碰撞树(ACT)算法，主要介绍自适应分支策略，ACT 算法的工作过程，以及 ACT 算法示例。

10.2　碰撞树算法硬件系统实现

CT 算法是一种简单、高效、易于实施的 RFID 多标签识别方法，可以作为现行国际标准推荐算法的替代算法使用，本节主要介绍 CT 算法硬件实施方法及相关技术。

10.2.1　碰撞树算法硬件系统逻辑模块

CT 算法分为两个部分，阅读器部分由软件实现，标签部分置于 RFID 标签之中。RFID 标签的硬件逻辑模块结构[30]如图 10-1 所示，主要由六个功能模块或单元构成，包括收发单元(transceiver)、存储单元(ROM)、比较器(comparator)、控制单元(control unit)、有限状态机(finite state machine)和输出控制(outputs)。

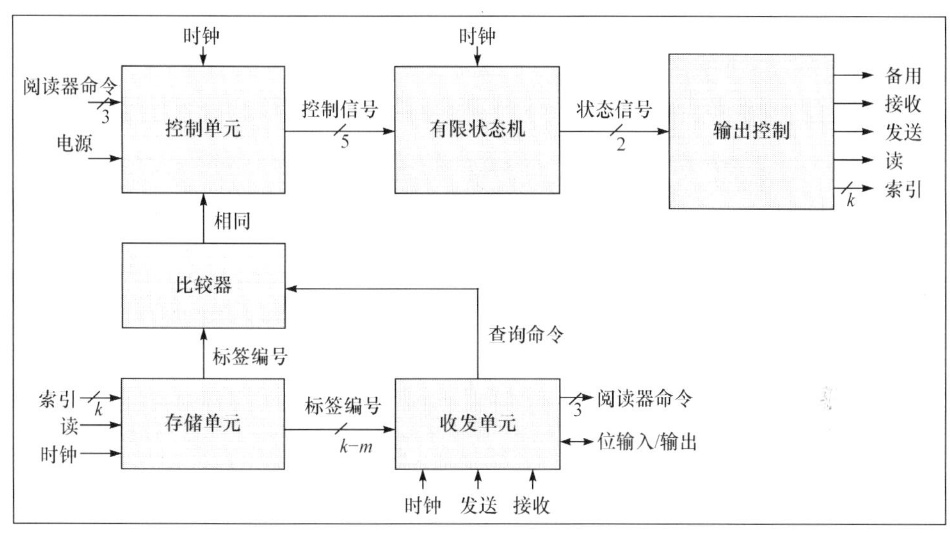

图 10-1　CT 算法硬件设计逻辑模块(标签)[30]

(1) 收发单元主要根据收发(receive 或 send)状态信息，接收阅读器的命令或者发送标签的响应。它根据收到的阅读器的命令，将命令指令转发到控制单元，将查询命令中的前缀(prefix)参数转发给比较器。

(2) 存储单元主要存储标签的编号信息(ID)，也可以根据实际应用系统要求存储其他必要的数据信息。存储单元的输入索引信号(index)用于指明读取和发送标签编号中数据位的序号，它是一个 k 位信号，每次只有一位有效。该存储单元可以提供并行或串行两种访问。

(3) 比较器用于进行标签编号(ID_{index})和查询前缀(S_{query}即 prefix)的匹配比较。如果比较结果相同，则通知控制单元，发送标签编号(ID)响应阅读器查询。

(4) 控制单元是系统的核心，主要根据阅读器的命令及比较状态，生成控制信号，驱动有限状态机运行，并最终决定系统的输出，即标签的响应。

(5) 有限状态机控制标签响应转换的状态及转换途径，每个状态代表一个动作。有限状态机的动作状态通过输出控制单元控制标签的收发响应操作。

(6) 输出控制根据有限自动机的当前状态，控制 RFID 标签识别过程中标签每一步需要完成的操作。

10.2.2　碰撞树算法有限状态机

CT 算法硬件实现的核心功能模块是有限状态机，图 10-2 给出了有限状态机的状态转换图，状态机共设置 4 个状态，用两位二进制编码表示。有限状态机四个状态的编码及主要功能介绍如下。

(1) S0(00)：初始状态，标签激活识别之前，或识别后的休眠状态。

(2) S1(01)：等待状态，等待阅读器的查询命令。

(3) S2(10)：接收状态，接收阅读器查询，并进行前缀匹配。

(4) S3(11)：响应状态，响应阅读器查询，发送标签编号(ID)。

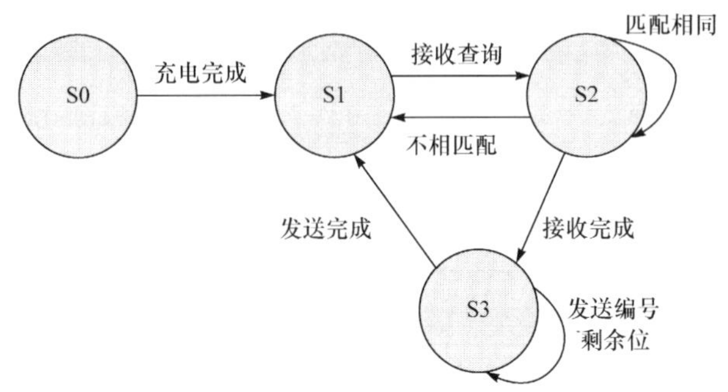

图 10-2　CT 算法硬件系统有限状态机[30]

有限状态机的工作过程如图 10-2 所示。S0 是标签初始状态，标签激活识别之前均处于初始状态。在识别过程中如果标签能量过低，则自动进入初始状态等待重新识别。一旦标签进入阅读器识别区域，获得足够能量，则进入状态 S1，并等待阅读器查询。

S1 中的标签收到阅读器命令后进入状态 S2，并将其标签编号与收到的前缀进行逐位比较。如果比较结果不同，则退回到状态 S1。如果比较结果相同，则继续比较下一位(即驻留在状态 S2)，直到完成所有接收位的比较。

S2 中前缀比较相匹配的标签进入状态 S3，响应阅读器的查询，即逐位发送标签编号的剩余位。响应完成后，进入状态 S1，等待阅读器的后续命令。

阅读器接收标签的响应，如果收到多个标签响应，即发生碰撞，则阅读器根据 CT 算法规则生成两个新前缀。如果只有一个标签响应，即没有发生碰撞，则阅读器识别到一个标签，并通知该识别到的标签进入休眠状态，使其不再响应阅读器的查询命令。否则，阅读器更换前缀参数发送查询命令，重复上述识别过程，即 S1→S2→S3，查询待识别标签，直到完成所有标签识别。

10.2.3　碰撞树算法控制信号及功能

CT 算法硬件系统主要包括三类信号命令，即输入信号(input，I)、输出信号(output，O)和内部信号(internal，INT)。所有信号都为高电位有效。CT 算法硬件系统控制信号(signal)及功能(function)设置如表 10-1 所示。

表 10-1　CT 算法硬件系统控制信号及功能设置

序号	信号	类型	功能
1	clk	I	时钟信号，提供系统同步时钟
2	power	I	电源信号，激活被动标签工作
3	reader commands	I	阅读器发送的识别命令
4	bit_in	I	标签接收到的数据位，与阅读器发送的数据位一致
5	bit_out	O	标签发送的数据位，即响应阅读器查询的标签编号 ID
6	standby	INT	标签处于低能量状态，等待充电激活
7	receive	INT	接收并解析阅读器的命令，获得数据信息
8	send	INT	向阅读器传送标签编号 ID(部分或全部)
9	read	INT	从存储器中读取标签编号 ID(部分或全部)
10	index	INT	标签编号中位索引，指示标签编号中的数据位
11	control	INT	控制有限状态机的状态转换
12	same	INT	比较器的输出，逐位比较结果相同与否
13	state	INT	有限状态机的当前状态
14	ID_{index}	INT	读取标签编号 ID 中 index 指示的数据位
15	ID_{km}	INT	读取标签编号 ID 中第 k 位到第 m 位的数据位
16	S_{query}	INT	阅读器查询命令 query 中的前缀参数 prefix

10.3　碰撞树窗口算法

CT 算法是一种高效低能耗的 RFID 多标签识别算法。为了进一步降低系统能耗，特别是 RFID 标签的能耗，在碰撞树窗口(collision window tree，CwT)算法引入位窗口方法[31,32]，在标签识别过程中通过移动位窗口，控制标签响应编号位置和数据位，减少多次查询过程中标签重复传输的数据位数，进而降低标签和 RFID 系统的能耗。

10.3.1　RFID 系统数据通信模型及能耗

参照国际标准 EPCglobal Class 1 Generation 2，RFID 系统数据通信模型如图 10-3 所示。按照 RFID 系统阅读器和标签的通信过程与信道状态，RFID 系统包括三种周期或时隙状态：可读周期(readable 或 success slot)、碰撞周期(collision slot)、空周期(idle slot)。其中，t_R 为阅读器通过发送命令开始一次查询或对话的时间，t_T 为标签发送其编号响应阅读器命令的时间。T_1 和 T_2 为标签发送其编号之前和之后的间隔时间，分别用于等待标签生成响应位串或等待阅读器接收所有标签的响应。T_3 用于阅读器等待确认没有标签响应，T_3 比 T_2 的持续时间要长。同时，在整个通信过程中，阅读器维持一个持续的下行载波信号，也称为持续波(continuous wave，CW)，为标签提供持续稳定的能量，使标签完成其编号传输和阅读器响应等工作。

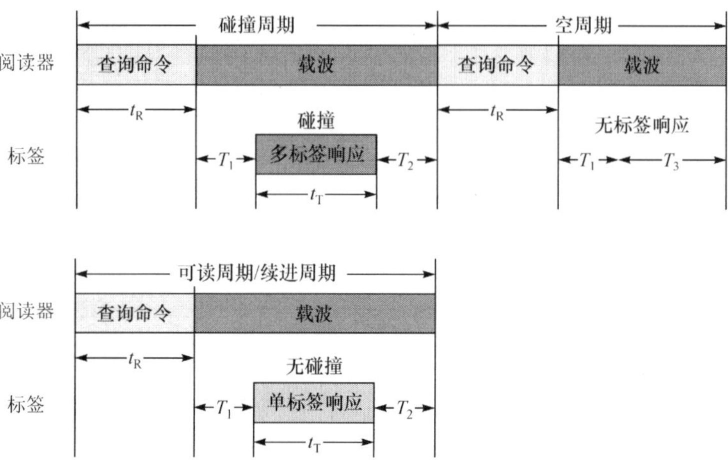

图 10-3　RFID系统阅读器与标签数据通信模型

在能量消耗模型中，阅读器能量消耗(E)是阅读器发送和接收数据信息时间的函数。假设阅读器发送命令和为被动标签提供能量的载波信号的能量为 P_{tx}，阅读器接收标签响应需要的能量为 P_{rx}，则标签识别过程中，系统的总体能耗计算公式可以表示为

$$\begin{aligned} E &= E_c + E_i + E_s \\ &= \sum_{j=0}^{c+s}\left[P_{tx}(t_{Rj} + T_1 + t_{Tj} + T_2) + P_{rx}t_{Tj}\right] \\ &\quad + \sum_{j=0}^{i}\left[P_{tx}(t_{Rj} + T_1 + T_3)\right] \end{aligned} \tag{10-1}$$

其中，E_c、E_s、E_i 分别为碰撞周期、可读周期、空周期的能耗；c、s、i 分别为碰撞周期、可读周期、空周期的数量。

10.3.2　位窗口的基本概念

位窗口(bit window)用于控制标签每次响应阅读器查询过程中传送的数据位数。位窗口大小为 W，其中 $0<W<k$，k 为标签编号长度。位窗口的大小由阅读器计算和设置。如果阅读器查询命令传送数据位长度为 L 位，即查询前缀长度为 L 位，位窗口参数长度为 $\lfloor \log_2 W \rfloor + 1$。其中，$\lfloor N \rfloor$ 为下限取整函数，即取不大于 N 的最大整数。图 10-4 示例了 RFID 标签识别过程中阅读器与标签通信过程，以及

位窗口在通信过程中的工作使用方法。位窗口的使用虽然增加了阅读器和标签的成本，但是减少了在碰撞过程中标签发送无效的数据位，降低了被动 RFID 标签系统的能量消耗，能应用在 QT 和 CT 等非记忆防碰撞算法当中，保持算法的基本优势。

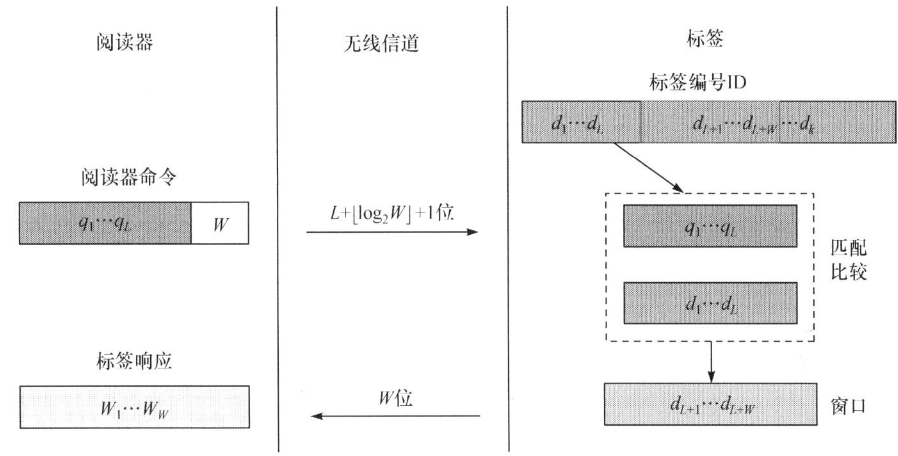

图 10-4　阅读器与标签通信过程中位窗口应用

位窗口的使用允许标签在响应过程中只发送其编号的 W 位，而不需要传送其编号的剩余部分，即 ID($k-L$)位。但如果 $W>k-L$，则标签发送其编号与前缀匹配后剩余的 $k-L$ 位，以响应阅读器的查询。这种方式影响了碰撞周期和可读周期的区分和判定。例如，两个或多个标签响应了阅读器的查询，但由于在位窗口中它们的编号位数据相同，则阅读器收到的信息中不会发生碰撞。在这种情况下会发生碰撞或可读误判，而在非碰撞周期无法识别到标签。因此，当没有发生碰撞且 $L+W<k$ 时，增加类似没有碰撞可读周期的续进(go-on)周期，继续完成后续编号位的读取，并根据碰撞与否进行碰撞处理或标签识别，直到 $L+W\geqslant k$。可见，与源算法(如 CT 算法)相比，位窗口的使用可能增加不必要的查询-响应周期，降低识别效率和识别速度。

当然，阅读器可以根据标签响应中碰撞发生的概率，动态调整位窗口的大小，以减少碰撞和 go-on 过程。当碰撞概率较高时，减小 W 的值，当碰撞概率降低时，增加 W 的值。实际 RFID 标签识别过程中，根据标签响应来判断碰撞发生概率还是比较困难的，通常可以采用线性函数、二次方程、幂指函数、分段函数等方法进行动态窗口估值计算。但这也增加了算法本身的计算复杂度和系统开销，同时无法消除额外增加的 go-on 查询过程。所以，CwT 算法的识别性能始终低于 CT 算法的识别性能。

10.3.3 碰撞树窗口算法工作过程

CwT 算法[31,32]将位窗口方法与碰撞树算法相结合,与其他非窗口算法(QT、BT、ALOHA)相比,该算法能够减少标签响应时传输数据位的数量,也可能减少碰撞发生的次数。图 10-5 给出了 CwT 算法工作流程的伪代码。

```
阅读器-CwT
W=1
CwT(["0"],W); CwT(["1"],W)
CwT(char[] query, int W)
k=ID.length
L=query.length
broadcast([query],W)
[winMatch,collision]=receiveResponse()
if collision=1 then
    nColls++
    CwT([query,winMatch,"0"],W)
    CwT([query,winMatch,"1"],W)
else
    if L+W<k then
        nGoons++
        W=f(L)
        CwT([query,winMatch],W)
    else
        nSucc++
    end if
end if
```

(a) 阅读器

```
标签-CwT
receive(query, W)
L=query.length
if query=ID[0 : L-1] then
    backscatter(ID[L : L+W])
end if
```

(b) 标签

图 10-5 CwT 算法工作流程

CwT 算法通过递归方式不断查询阅读器识别区域内的标签,直到完成所有标签的识别。阅读器发送查询命令,两个命令参数分别是长度为 L 的前缀$[q_1\cdots q_L]$和长度为$\lfloor \log_2 W \rfloor+1$ 的位窗口大小 W,参数 W 告诉标签响应时需要发送的数据位数。初始时,位窗口大小 $W=1$,在后续查询过程中根据碰撞概率动态计算。编号与前缀相匹配的标签发送其匹配比价后剩余编号部分的 W 位给阅读器,即$[q_{L+1}\cdots q_{L+W}]$。无论在接收到的响应中发生碰撞与否,阅读器均需要更新前缀参数 prefix 和位窗口参数 W。因此,CwT 算法阅读器将查询-响应周期分为三类:碰撞周期、续进周期、可读周期。其中,续进周期中阅读器和标签的通信过程与可读周期相同,如图 10-4 所示。

(1) 碰撞周期:在收到的标签响应中至少有一位发生碰撞,阅读器生成两个新前缀:$[q_1\cdots q_L w_1\cdots w_{c-1}0]$和$[q_1\cdots q_L w_1\cdots w_{c-1}1]$,其中$[q_1\cdots q_L]$为当前查询前缀,$[w_1\cdots w_{c-1}]$为标签响应中没有发生碰撞的数据位,$c$ 为标签响应中首位发生碰撞的数据位的序号,“0”和“1”为附加位。

(2) 续进周期:收到的标签响应中没有发生碰撞,但是 $L+W<k$,阅读器以新

前缀$[q_1 \cdots q_L w_1 \cdots w_w]$为参数，发送查询命令，继续搜索识别标签。同时，根据位窗口估计函数，调整位窗口的大小。

(3) 可读周期：收到的标签响应中没有发生碰撞，并且 $L+W=k$，则阅读器成功识别到一个标签，并通知该被识别到的标签进入休眠状态。

CwT 算法中，标签等待并接收阅读器的命令，获取查询前缀，并将前缀参数与其标签编号 ID 相比较。只有当前缀与其编号相匹配时，标签才根据窗口参数发送其标签编号，响应阅读器的查询。RFID 标签重复这一过程，直到被阅读器识别，然后处于休眠状态(或根据其他命令完成相关操作)。

10.4　双前缀搜索识别算法

双前缀搜索识别(DPPS)算法[33]通过查询命令一次发送两个前缀组合，两组标签分别与生成的两个前缀进行匹配，并根据匹配结果响应阅读器的查询。因此，阅读器可以通过一个查询命令搜索两组标签。DPPS 算法的核心是在每个碰撞周期处理中分配两个有一位差异的前缀参数。为了减少查询次数和空周期数，待识别标签将它们的编号 ID 与收到的两个前缀进行匹配比较。编号与第一个前缀相匹配的标签首先响应阅读器的查询，然后是编号与第二个前缀相匹配的标签在一段延时后响应阅读器的查询。如果阅读器收到的标签响应中发生碰撞，阅读器生成新前缀，并置入堆栈。然后继续进行标签搜索识别，直到完成全部标签识别。

10.4.1　双前缀搜索识别算法命令规格

DPPS 算法中标签识别分为两个阶段，即初始识别阶段(initial)和搜索识别阶段(probe)，因此阅读器和标签分别拥有两个查询命令格式和响应命令格式，如图 10-6 所示。DPPS 算法命令格式及参数说明如下。

(1) CMD-INI(ε)命令：阅读器初始查询命令，用于阅读器首次开始标签查询，命令参数为空(ε)，所有待识别标签均响应该命令。

(2) RSP_CMD_INI(ID)命令：标签初始响应命令，阅读器初始查询，前缀参数为空，所有待识别标签发送其完整标签编号(ID)响应阅读器的查询。

(3) PROBE_EQ(Com_Str，Pre1，Pre2)命令：阅读器搜索查询命令，根据标签识别过程中碰撞情况，生成和选取前缀参数，命令格式也随之发生变化。参数 Com_Str 为查询前缀，即标签编号中首位碰撞位之间的部分。参数 Pre1 和 Pre2 为前缀附加位，用于组合生成实际前缀。Pre1 和 Pre2 的值取决于标签响应中的首位碰撞位和第二位碰撞位的位置。

(4) RSP_PROBE_EQ(Data)命令:标签响应搜索查询命令,根据前缀匹配结果,标签发送前缀匹配后剩余的标签编号部分。命令参数(data)是变量,即标签发送其匹配后的编号位。

首部码	命令	地址	屏蔽码	标志	CRC-16
13位	8位	8位	8位	1位	16位

(a) CMD_INT命令

前导码	编号	CRC-16
9位	96位	16位

(b) RSP_CMD_INT命令

首部码	命令	地址	屏蔽码	参数	参数1	参数2	CRC-16
13位	8位	8位	8位	可变	可变	可变	16位

(c) PROBE_EQ命令

前导码	数据	CRC-16
9位	可变	16位

(d) RSP_PROBE_EQ命令

图 10-6　DPPS 算法命令格式

10.4.2　双前缀搜索识别算法工作过程

DPPS 算法同样基于标签响应中的位跟踪方法,根据首位碰撞位生成新前缀,并通过对首位碰撞位及其后一位的组合(11、10)和(01、00)分别进行两次查询。收到查询的标签组合生成前缀,并根据其标签编号与生成前缀的匹配情况,选择响应周期,发送其标签编号匹配比对后剩余的部分,以响应阅读器的查询。图 10-7 给出了 DPPS 算法阅读器工作流程。

对于二进制串 $p_1p_2\cdots p_{c-1}p_c\cdots p_k$,其中 k 为标签编号的长度,$p_1p_2\cdots p_{c-1}$ 为当前前缀,p_c 是首位碰撞位,如果首位碰撞位后紧随的一位没有发生碰撞,则阅读器将 $p_1p_2\cdots p_{c-1}$、1 和 0 压入堆栈,并使用 $p_1p_2\cdots p_{c-1}$、1 和 0 分别作为 PROBE_EQ 命令参数 Com_Str,Pre1 和 Pre2 的值进行标签查询,标签组合生成的两个新前缀分别为 $p_1p_2\cdots p_{c-1}1$ 和 $p_1p_2\cdots p_{c-1}0$。否则,阅读器将($p_1p_2\cdots p_{c-1}$、11、10)和($p_1p_2\cdots p_{c-1}$、01、00)压入堆栈,并分别用 $p_1p_2\cdots p_{c-1}$、11、10 和 $p_1p_2\cdots p_{c-1}$、01、00 作为 PROBE_EQ 命令参数 Com_Str,Pre1 和 Pre2 的值,进行两次查询。在这种情况下,标签组合生成的新前缀分别为 $p_1p_2\cdots p_{c-1}11$、$p_1p_2\cdots p_{c-1}10$、$p_1p_2\cdots p_{c-1}01$ 和 $p_1p_2\cdots p_{c-1}00$。

由于 DPPS 算法在一个查询周期中使用两个前缀对多个标签进行查询识别。收到查询命令的标签根据参数 Com_Str,Pre1 和 Pre2 的值组合生成前缀:Com_Str+Pre1 和 Com_Str+Pre2,并将其编号与前缀进行匹配比较,如果匹配结果相

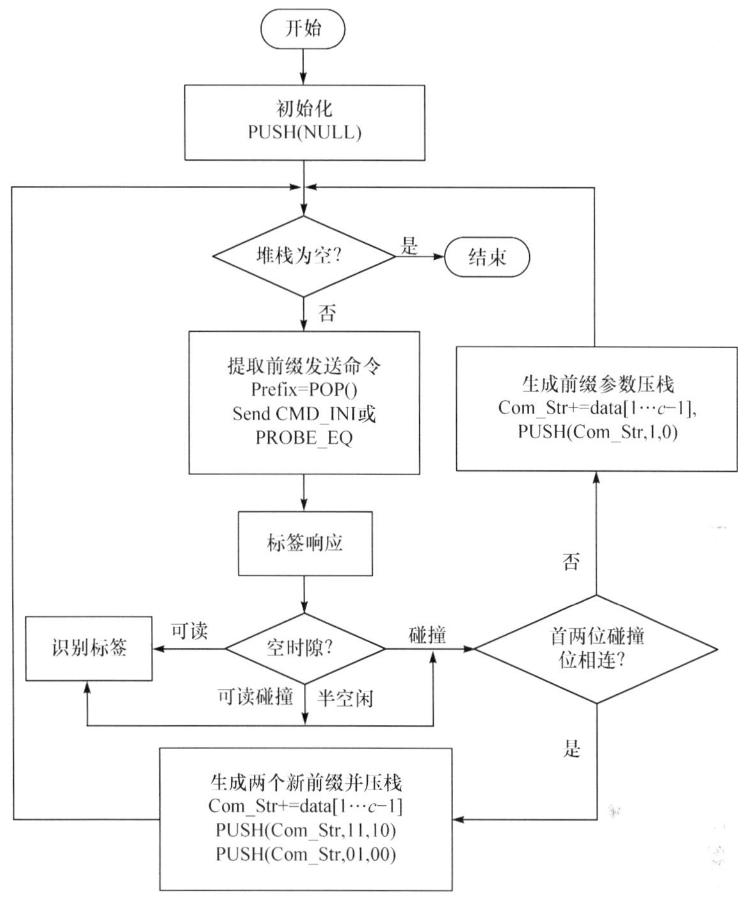

图 10-7　DPPS 算法阅读器工作流程

同,则发送标签编号的剩余部分响应阅读器的查询。如果不相匹配,则标签不予响应。

表 10-2 给出了 DPPS 算法识别标签 A:00001011、B:00110110、C:1001100、D:11001101 和 E:01100100 的实例。在第 1 个查询周期,即初始识别周期,阅读器发送 CMD_INI(ε)命令,所有标签发送其编号 ID 响应阅读器的查询。阅读器收到标签响应 xxxxxxxx,开始的连续两位均发生了碰撞,阅读器将(ε,11,10)和(ε,01,00)压入堆栈。在第 2 个查询周期,阅读器发送命令 PROBE_EQ(ε,11,10),分别只有 11001101 和 10011000 两个标签与两个前缀 11 和 10 相匹配,因此阅读器识别到这两个标签。在第 3 个查询周期,阅读器发送命令 PROBE_EQ(ε,01,00),只有标签 01100100 与前缀 01 匹配,所以它被识别出来;但是 00001011、00110110 两个标签的编号均与前缀 00 相匹配,它们一起发起响应,阅读器收到响

应 xxxx1x,因此将(00,11,10)和(00,01,00)压入堆栈。在第 4 个查询周期,阅读器发送命令 PROBE_EQ(00,11,10),只有标签 00110110 与前缀 0011 相匹配,所以其被识别出来;没有标签与前缀 0010 相匹配,形成一个空响应周期。在第 5 个查询周期,阅读器发送命令 PROBE_EQ(00,01,00),没有标签与前缀 0010 相匹配,形成一个空响应周期;只有标签 00001011 与前缀 0000 相匹配,所以其被识别出来。阅读器通过 5 次查询,9 个响应周期,完成 5 个标签识别,其中产生 2 个空响应周期。

表 10-2 DPPS 算法多标签识别实例

周期	命令及参数	标签响应	标签识别
1	CMD_INI(ε)	xxxxxxxx	Collided
2	PROBE_EQ(ε,11,10)	001101,011000	D,C are identified
3	PROBE_EQ(ε,01,00)	100100,xxxx1x	E is identified
4	PROBE_EQ(00,11,10)	0110,empty	B is identified
5	PROBE_EQ(00,01,00)	empty,1011	A is identified

10.5 多分支碰撞树算法

多分支碰撞树(M-ary collision tree,MCT)算法[34]通过标签响应中的前$\log_2 M$位碰撞位将发生碰撞的标签分成 M 个小组,然后分别对各小组进行迭代查询,直到完成标签识别。通过多位碰撞位处理和标签分组细化,降低标签分组中碰撞发生的概率,减少阅读器查询次数和数据位传输数量。MCT 算法中,查询-响应周期或帧包括一个阅读器查询子周期和 M 个标签响应子周期(sub-cycle)或时隙(slot)。但由于并不能保证 $\log_2 M$ 位碰撞位划分的 M 个标签分组中均有标签响应阅读器的查询,所以 MCT 算法可能产生的空子周期可能影响算法的识别性能。

10.5.1 多分支碰撞树结构

在经典的 CT 算法中,当阅读器收到标签响应中发生碰撞后,阅读器根据首位碰撞位的位置生成两个新前缀,并以此将碰撞标签分为两组,进而在多标签的迭代识别过程中形成一种二叉树结构,即碰撞树结构。碰撞树的相关概念和基本性质在前面章节中已经做了详细的介绍和分析。由于多分支碰撞树算法对$\log_2 M$位碰撞位进行处理,将碰撞标签分成 M 个子分组,相应地采用多分支碰撞树结构描述 MCT 算法的识别过程。所以本部分先介绍多分支碰撞树的基本概念和特征。

当碰撞发生后,阅读器接收标签响应中没有发生碰撞的数据位,并作为前缀参数 pre，然后指派碰撞位的值为 1，同时记录 $\log_2 M-1$ 位碰撞位的位置为 bp_i，其中 $i\in[1,\log_2 M-1]$。按照这种方式，阅读器将发生碰撞的标签划分为 M 个子标签分组。以 $M=4$ 为例，当收到的碰撞信息为“100?11?01?0”时，其中“?”表示该位为碰撞位，则前缀为 pre=“100111”并且 $bp_1=4$，即第 4 位为碰撞位。这些发生碰撞的标签被分为四个组，四个组的标签前缀分别为 1000110、1000111、1001110 和 1001111，其中下划线标注的位为碰撞位。同时，这四个标签分组分别对应多分支碰撞树的四个分支。继续迭代这一分组过程，将标签分组不断划分，直到一个分组中只有一个标签，即可完成所有标签的识别。描述这一过程的树型结构就是多分支碰撞树结构，如图 10-8 所示。

10.5.2　多分支碰撞树算法工作过程

MCT 算法开始时，阅读器初始查询命令为 $Q=(1,2,\cdots,\log_2 M-1,$“11…1”$)$，即第一帧中 $bp_i=i, i\in[1,\log_2 M-1]$，pre 由 $\log_2 M-1$ 位“1”构成。需要注意的是，每一个命令中 Q 由 $\log_2 M-1$ 个 bp_i 和一个二进制串 pre 构成。然后阅读器广播命令 Init(M)通知标签分支数为 M。接着阅读器逐次查询识别每个分支中的 RFID 标签。在每次查询中，阅读器首先从($bp_1, bp_2, \cdots, bp_{\log_2 M-1}$, pre)＝Queue-Out($Q$)中获得命令参数，然后通过命令 Query($bp_1, bp_2, \cdots, bp_{\log_2 M-1}$, pre)向标签广播查询参数，并等待标签响应。

收到阅读器的查询命令 Query($bp_1, bp_2, \cdots, bp_{\log_2 M-1}$, pre)后，标签按照如下步骤操作处理：

(1) 标签从前缀参数 pre 和编号 ID 中获取相碰撞位之外的部分 mPre 和 tID，tID= ID(1:k)，k 为前缀 pre 的长度。例如：当 $M=4$ 时，如果 $bp_1=4$，pre=“0011101”，则 mPre=“001101”，tID=ID(1:3,5:7)。

(2) 标签比较 mPre 和 tID，如果它们相同，则标签进入传送状态，否则标签进入等待状态。

(3) 传送状态的标签将其编号ID($bp_1, bp_2, \cdots, bp_{\log_2 M-1}, k+1$)部分在子周期 S_x 中发送给阅读器，将其编号 ID($k+2$:end)部分在子周期 S_{x+1} 中发送给阅读器。接上例：如果标签编号 ID(4,8)＝“01”，$x=1$，则标签在第二个子周期响应阅读器的查询。

在每个响应子周期，阅读器接收标签的响应。如果没有标签响应，则阅读检测到一个空响应周期。如果有标签响应，则为非空响应周期，包括碰撞周期和可读周期。在非空响应周期中，如果只有一个标签响应，即没有发生碰撞，则阅读器识别到一个标签。否则，进行碰撞和防碰撞处理。阅读器按照曼彻斯特编码规则从响应信号中获得标签响应信息(DM)，并获得每个子周期中最大公共前缀(comm)。

阅读器计算每个子周期中的前缀 Spre=de2bi(x, $\log_2 M$)，设置最大公共前缀

为 comm＝“pre(1：bp_1－1)||Spre(1)||pre(bp_1＋1：bp_2－1)||Spre(2)|| …||pre($bp_{\log_2 M}$)”，其中“||”为字符串联接操作符。如图 10-8 中第二个周期(F2)所示，(bp，pre)＝(4，“001$\underline{1}$101”)，则子周期 S_1 和 S_2 中最大公共前缀分别为“0010$\underline{1}$01$\underline{1}$”和“001$\underline{1}$101$\underline{0}$”，其中，下划线标注位为碰撞位。根据检测到的标签响应信息(decoded message，DM)中发生碰撞与否，阅读进行碰撞处理或识别一个标签。

(1) 可读周期：如果在标签响应信息中没有发生碰撞，则阅读器识别到一个标签，且该标签的编号为 comm||DM。例如，在图 10-8 查询周期 F2 中的响应子周期 S_2 中，解码得到的标签响应为 DM＝“11”，没有发生碰撞，阅读器识别到一个标签，标签编号为“001$\underline{1}$101$\underline{0}$”||“11”，即“0011101011”。

(2) 碰撞周期：如果在标签响应信息中发生碰撞，碰撞位记为 C_i，$i\in[1,\log_2 M]$。由于在响应信息中碰撞位为非法符号，在算法中用“1”代替碰撞位。阅读器设 $bp_i=k+1+C_i$，$i\in[1,\log_2 M-1]$，并得到由第($\log_2 M-1$)位及其之前数据位构成的新前缀，例如，pre＝“comm||DM(1：C_1－1)||1||DM(C_1＋1：C_2－1)||1||…||DM($C_{\log_2 M-1}$：$C_{\log_2 M}$－1)”。然后，将其作为查询命令的参数，即 Q＝QueueIn(Q，(bp_1，bp_2，…，$bp_{\log_2 M-1}$，pre))。例如，在图 10-8 的查询周期 F2 的响应子周期 S_1 中，标签 T2 和 T3 分别发送“01”和“10”响应阅读器的查询。阅读器收到的信息为 DM＝“xx”，“x”表示该位数据发生碰撞，则 $C_1=1$，$C_2=2$。如果最大公共前缀为 comm＝“00101011”，则阅读器得到 $bp_1=8+1+C_1=9$，pre＝“00101011”||“1”，即 pre＝“001010111”。

10.5.3 多分支碰撞树算法示例

图 10-8 示例了 MCT 算法识别 7 个 RFID 标签 T1(0011101011)、T2(0010101101)、T3(0010101110)、T4(1000101110)、T5(1010110011)、T6(1010110001)、T7(1110011000)的基本过程，其中分支数 M＝4，即处理 2 位碰撞位信息。图 10-8(a)是标签编号信息，其中，编号中粗体表示数据位为周期 F2 中标签的响应信息 tID，框内的数据位为碰撞位信息，用于指明或标签选择响应子周期的序号。图 10-8(b)为 MCT 算法识别过程的树型描述结构，每次查询命令的参数由(bp，pre)给出，响应子周期的序号在每个查询周期开始发送给标签。由于 M＝4，算法一次检测处理 2 位碰撞位，所以只需要发送前缀参数 pre 中的首位碰撞位信息 bp，也就是前缀参数 pre 中带下划线的数据位。图 10-8(c)是阅读器的查询命令及相关参数设置。

以查询周期 F2 的识别过程为例，其中，bp＝4，pre＝“001$\underline{1}$101”。删除标签编号及前缀中的第 4 位，可以得到 mPre＝“001101”，tID(T1)＝ tID(T2)＝ tID(T3)＝“001101”，tID(T4)＝“100101”，tID(T5)＝ tID(T6)＝“101110”，tID(T7)＝111011，如图 10-8(a)中标签编号的粗体部分。因为只有标签 T1、T2 和 T3 的编

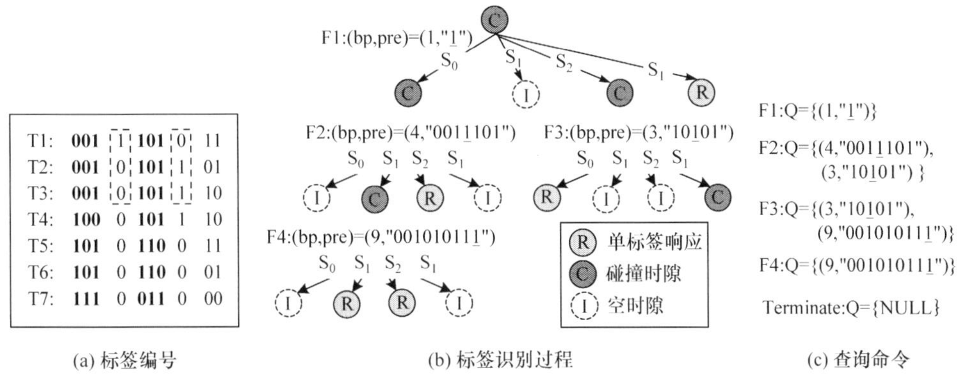

图 10-8　MCT 算法多标签识别示例

号与前缀 mPre 相匹配，标签 T1、T2 和 T3 进入响应状态，并计算它们的响应子周期。其余标签进入等待状态，等待后续阅读器查询。

通过检测标签编号中的第 4 位和第 8 位，即图 10-8(a)中方框内的数据位，标签 T1、T2 和 T3 分别选择响应子周期 S_2、S_1 和 S_1 发送其标签编号响应阅读器查询。标签 T2 和 T3 在第 2 个响应子周期 S_1 将它们标签编号的后两位，即“01”和“10”，发送给阅读器。标签 T1 在第 3 个响应子周期 S_2 将其编号的后两位，即“11”，发送给阅读器。

所以，在本识别示例的第 2 次查询(F2)中，响应周期 S_0 和 S_3 为空周期，S_1 为碰撞周期，S_2 为可读周期。响应周期 S_2 中没有发生碰撞，阅读器识别到标签 T1：0011101011。响应周期 S_1 发生碰撞，阅读生成新前缀 pre=“001010111”，$bp_1=9$。阅读器根据收到的标签响应情况，按照 MCT 算法碰撞和防碰撞处理规则进行标签识别和处理，直到完成所有标签识别。

10.6　自适应碰撞树算法

自适应碰撞树(adaptive collision tree，ACT)算法[35]基于 ICT 算法，通过自适应策略调整标签分组数量或碰撞树分支数量，减少 RFID 多标签识别过程中的碰撞次数，提高 RFID 系统的吞吐量。自适应策略主要根据响应标签的数量通过查询字符串将响应标签分为两个或四个组，相应的碰撞树称为二分支和四分支的混合结构。

10.6.1　自适应分支策略

在树型搜索防碰撞算法中，多分支($Q=4,8,\cdots$)树搜索能够减少 RFID 多标签识别过程中碰撞发生的次数。随着 Q 值增加，碰撞周期数量会相应减少，但是空周期的数量也会相应增加，并导致总体识别周期数量增加。单纯采用 $Q=4,8,\cdots$ 多分支方法，不可避免地会增加空周期数量。如果能够通过增加响应标签的数量动态调整标签分组或分支数量，则能够有效控制空周期的数量，缩短标签识别时间。

为了有效使用碰撞位信息，定义标签响应中的碰撞位影响因子为碰撞周期中碰撞位的数量（p_c）与标签响应位的数量（p）之间的比值。假设待识别标签数量为 N，标签响应位串的长度为 P，则响应中没有发生碰撞的概率为 $C_2^1(1/2)^N=(1/2)^{N-1}$，因此，碰撞影响因子（z）为

$$z=p_c/p=p[1-(1/2)^{N-1}]/p=1-(1/2)^{N-1} \tag{10-2}$$

可见，标签数量越多，影响因子越大。如果 L 为树节点中的分支数量，搜索深度为 k，则标签的识别概率 $p(k)$ 为

$$p(k)=p(1)[1-p(1)]^{k-1} \tag{10-3}$$

$$p(1)=(1-1/L)^{N-1} \tag{10-4}$$

因此，平均搜索深度 $E(k)$ 为

$$E(k)=\sum_{k=0}^{\infty}[1-p(1)]^k \tag{10-5}$$

因为 $1-p(1)<1$，所以

$$E(k)=1/(1-1/L)^{N-1} \tag{10-6}$$

$$E(k)=(1-1/L)^{\log_2(1-z)} \tag{10-7}$$

由式(10-2)，可以得到影响因子 z 与识别概率 $p(k)$ 之间的关系：

$$p(k)=(1-1/L)^{-\log_2(1-z)}\times[1-(1-1/L)^{-\log_2(1-z)}]^{k-1} \tag{10-8}$$

进而，CT算法的平均识别周期为

$$T_{\mathrm{CT}}=E(k)L=L/(1-1/L)^{N-1} \tag{10-9}$$

ICT算法的平均识别周期为

$$\begin{aligned}T_{\mathrm{ICT}}&=T_{\mathrm{CT}}-2M=E(k)L-2M\\&=L/(1-1/L)^{N-1}-2M\end{aligned} \tag{10-10}$$

其中，M 为ICT算法中只有一位发生碰撞的周期数量。

所以，对于二分支ICT算法，其平均识别周期为

$$T_{2\text{-ICT}}=2/(1-1/2)^{N-1}-2M \tag{10-11}$$

对于四分支ICT算法，其平均识别周期为

$$T_{4\text{-ICT}}=4/(1-1/4)^{N-1}-2M \tag{10-12}$$

对比式(10-11)和式(10-12)，如果 $N<3$，则 $T_{2\text{-ICT}}>T_{4\text{-ICT}}$；相反，如果 $N\geqslant3$，则 $T_{2\text{-ICT}}<T_{4\text{-ICT}}$。因此，ACT算法选取 $N=3$，计算影响因子 z 如下：

$$z=1-(1/2)^{3-1}=0.75 \tag{10-13}$$

所以，在 ACT 算法中，通过判断影响因子 z 是否大于 0.75 估计待识别标签数量。如果标签数量较多，影响因子 $z\geqslant0.75$，则采用四分支 ICT 算法，减少碰撞周期数量和搜索深度。否则，采用二分支 ICT 算法，减少空周期数量。

10.6.2 自适应碰撞树算法工作过程

ACT 算法根据影响因子估计的碰撞标签的数量，自适应调整分支数量为二分支或四分支。ACT 算法分四种情况对标签识别进行处理：

(1) 可读状态。标签响应中没有发生碰撞，只有一个标签响应，阅读器识别到该标签。

(2) 一位碰撞状态。标签响应中只有一位发生碰撞，则只有两个标签响应，阅读器通过给碰撞位赋值识别到这两个标签。

(3) 多位碰撞状态。标签响应中多位发生碰撞，超过两个标签响应阅读器的查询，阅读器计算影响因子。如果 $z\geqslant0.75$，则碰撞较多，选择四分支 ICT 算法；否则，选择二分支 ICT 算法。

(4) 空闲状态。没有标签响应阅读器查询，阅读器从查询堆栈中删除本次查询，或阅读器不做处理继续开始新的查询。

基于自适应策略，ACT 算法的基本工作过程如图 10-9 所示，并简要描述如下：

(1) 阅读器从堆栈弹出前缀 prefix，发送查询命令 Query(prefix)。前缀长度为 m，$0\leqslant m<k$，k 为标签编号(ID)的长度。初始时，$m=0$，前缀为空串。

(2) 收到查询命令的标签比较其编号与前缀。如果前面 m 位匹配一致，则标签发送其编号的后续 $k-m$ 位，响应阅读器的查询。

(3) 阅读器从标签响应中解码获取响应数据信息。如果在收到的标签响应中没有发生碰撞，则阅读器识别到该标签。如果没有标签响应，则阅读器从堆栈中弹出新前缀，开始新的识别查询。如果在标签响应中只有一位数据发生碰撞，则阅读器分别指派该碰撞位的值为“0”和“1”，识别到这两个标签。

(4) 如果在收到的标签响应中发生多位碰撞，则阅读器计算影响因子(z)。如果 $z\geqslant0.75$，则选择 4 分支结构，阅读器设置开始的两位碰撞位的值为分别 00，01，10 和 11，生成四个新前缀。如果 $z<0.75$，则选择 2 分支结构，阅读器设置首位碰撞位的值分别为“0”和“1”，生成两个新前缀。阅读器将新生成的前缀压入堆栈，供后续查询使用。

(5) 阅读器重复上述识别过程，直到堆栈为空，即完成所有标签识别。

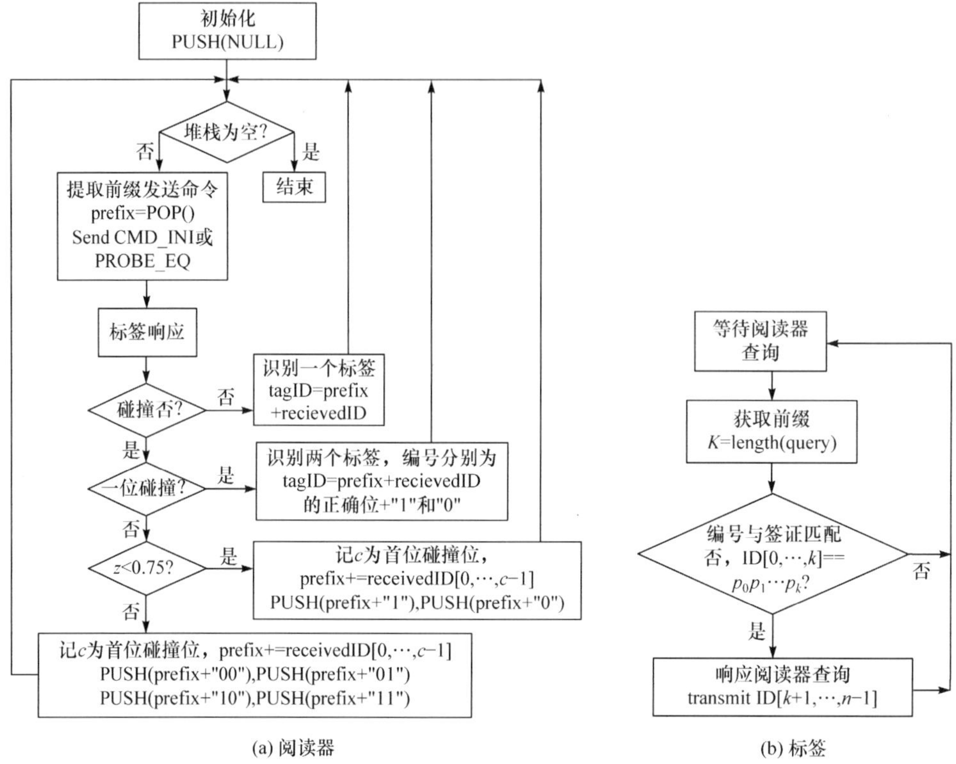

图 10-9　ACT 算法工作流程

10.6.3　自适应碰撞树算法示例

图 10-10 给出了 ACT 算法识别标签 0001,0010,0011,0100,0101,1011,1100 和 1110 的过程及树型结构。在第 1 个查询识别周期中，即初始查询识别中，影响因子 $z=1>0.75$，选用了四分支结构，标签被分为四个组。在第 2 个查询识别周期，响应标签数量较少，选用了二分支结构。在第 4、5、7 个查询识别周期中，只有一位碰撞位发生碰撞，阅读器分别通过指派识别到响应的标签。

需要说明的是，在第 2 次查询识别周期中，阅读器收到的标签响应为“xx”，其中 x 表示该位发生碰撞。根据影响因子计算规则，$z=2/2=1>0.75$，应该选用 4 分支结构，由此就会形成空周期。这也是 ACT 算法存在的问题，算法原文在此示例中回避了这一问题。

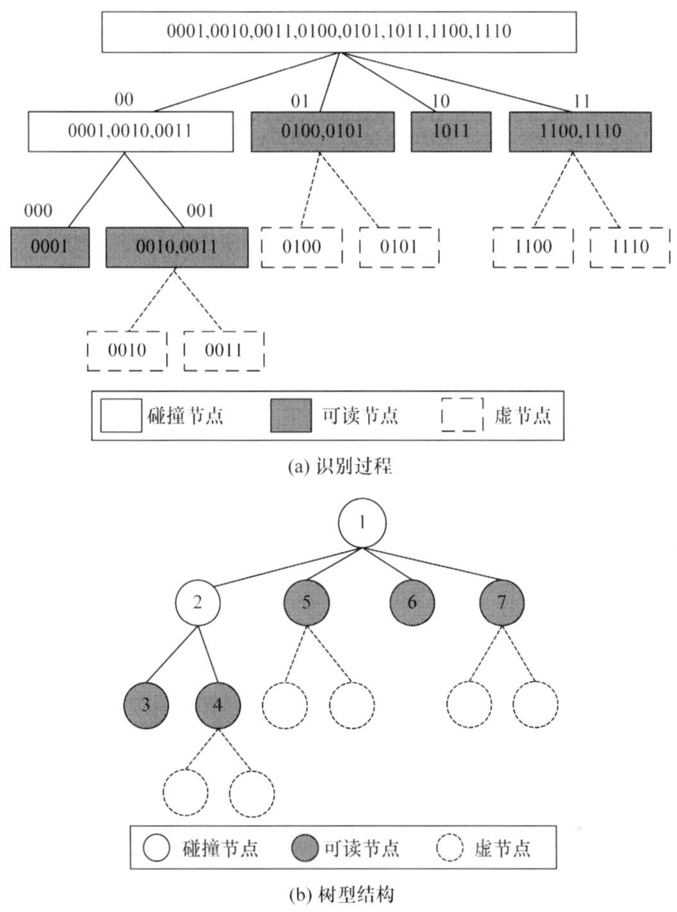

图 10-10　ACT 算法多标签识别示例

10.7　小　　结

本章介绍了与 CT 算法相关的几种 RFID 多标签识别技术，包括 CT 算法的硬件实施方案，以及几种防碰撞处理方法。CwT 算法在标签响应过程中引入位窗口，以减少标签传送的数量。但是这也导致有多个标签响应时位窗口中并无碰撞显现的情况，最终还需经过多次反复查询和响应，直到获得标签的完整编号。因此，CwT 算法会增加查询-响应周期数量，同时导致可读周期和碰撞周期之间的区分和处理问题。DPPS 算法、MCT 算法和 ACT 算法的本质都是采用多前缀方式分组查询识别标签，但是由于 n 位碰撞位，有 $N=2^n$ 种组合情况，即可能对应 2～N 个标签响应。因此，DPPS 算法、MCT 算法和 ACT 算法在 RFID 多标签识别过程中，均无法避免空周期的出现，进而它们的识别效率也受到一定的限制。

参考文献

[1] Geng H Y. Internet of Things and Data Analytics Handbook. Hoboken: John Wiley & Sons, 2017.

[2] Chen M, Chen S G. RFID Technologies for Internet of Things. Berlin: Springer International Publishing, 2016.

[3] 吴功宜,吴英. 物联网工程导论. 北京:机械工业出版社,2013.

[4] Jia X L, Feng Q Y, Fan T H, et al. RFID technology and its applications in internet of things (IOT). IEEE International Conference on Consumer Electronics, Communications and Networks, Yichang, 2012, (2): 1282-1285.

[5] Jia X L, Gu Y J, Feng Q Y, et al. Standards and protocols for RFID tag identification//Electronics, Communications and Networks IV. London: CRC Press, 2015: 851-855.

[6] 工业与信息化部电信研究院. 物联网标识白皮书. 2013. 5.

[7] Mavromoustakis C X, Mastorakis G, Batalla J M. Internet of Things (IoT) in 5G Mobile Technologies. Berlin: Springer International Publishing, 2016.

[8] Bolic M, David S, Ivan S. RFID Systems: Research Trends and Challenges. New York: John Wiley & Sons, 2010.

[9] Finkenzeller K, Müller D. RFID Handbook: Fundamentals and Applications in Contactless Smart Cards, Radio Frequency Identification and Near-field Communication. 3rd Ed. New York: Wiley, 2010.

[10] Banks J, Pachano M A, Thompson L G, et al. RFID Applied. New York: John Wiley & Sons, 2007.

[11] Jia X L, Feng Q Y, Fan T H, et al. Analysis of anti-collision protocols for RFID tag identification. IEEE International Conference on Consumer Electronics, Communications and Networks, Yichang, 2012, (2): 877-880.

[12] Bang O, Choi J H, Lee D, et al. Efficient novel anti-collision protocols for passive RFID tags: bi-slotted tree based RFID tag anti-collision protocols, query tree based reservation, and the combining method of them. Auto-ID Labs White Paper WP-HARDWARE-050, Auto-ID Center, Cambridge: MIT, 2009.

[13] Bonuccelli M A, Lonetti F, Martelli F. Instant collision resolution for tag identification in RFID networks. Ad Hoc Networks, 2007, 5(8): 1220-1232.

[14] Su W L, Alchazidis N V, Ha T T. Multiple RFID tags access algorithm. IEEE Transactions on Mobile Computing, 2010, 9(2): 174-187.

[15] EPC Global. EPC™ radio frequency identity protocols class-1 generation-2 UHF RFID protocol for communications at 860MHz～960MHz. Version 1. 2. 0. , Auto-ID Center, Cambridge: MIT, 2008.

[16] Law C, Lee K, Siu K Y. Efficient memoryless protocol for tag identification. Proceedings of

the 4th International Workshop on Discrete Algorithms and Methods for Mobile Computing and Communications, New York: ACM, 2000: 75-84.

[17] Klair D K, Chin K W, Raad R. A survey and tutorial of RFID anti-collision protocols. IEEE Communications Surveys & Tutorials, 2010, 12(3): 400-421.

[18] Chen Y H, Horng S J, Run R S, et al. A novel anti-collision algorithm in RFID systems for identifying passive tags. IEEE Transactions on Industrial Informatics, 2010, 6(1): 105-121.

[19] Jia X L, Feng Q Y, Ma C Z. An efficient anti-collision protocol for RFID tag identification. IEEE Communications Letters, 2010, 14(11): 1014-1016.

[20] Jia X L, Feng Q Y, Yu L S. Stability analysis of an efficient anti-collision protocol for RFID tag identification. IEEE Transactions on Communications, 2012, 60(8): 2285-2294.

[21] Jia X L, Feng Q Y. An improved anti-collision protocol for radio frequency identification tag. International Journal of Communication Systems, 2015, 28(3): 401-413.

[22] 贾小林，雷全水，顾娅军，等. 增强型抗捕获 RFID 多标签识别防碰撞算法研究. 西南科技大学学报(自然学科版)，2016，31(3)：68-73.

[23] Wu V K Y, Campbell R H. Using generalized query tree to cope with the capture effect in RFID singulation. IEEE Consumer Communications and Networking Conference, Las Vegas, 2009: 1-5.

[24] Lai Y C, Hsiao L Y. General binary tree protocol for coping with the capture effect in RFID tag identification. IEEE Communications Letters, 2010, 14(3): 208-210.

[25] Nguyen C T, Bui A T H, Nguyen V D, et al. Modified tree-based identification protocols for solving hidden-tag problem in RFID systems over fading channels. IET Communications, 2017, 11(7): 1132-1142.

[26] Jia X L, Bolic M, Feng Y H, et al. A general collision tree protocol for RFID tag identification to handle the capture effect in RFID system. DEStech Transaction on Computer Science and Engineering, 2018, 11(4): 537-544.

[27] 贾小林，冯全源，雷全水. 基于碰撞树的多周期 RFID 标签识别防碰撞算法研究. 西南科技大学学报(自然学科版)，2014，29(1)：39-44.

[28] Jia X L, Bolic M, Feng Y H, et al. An efficient dynamic anti-collision protocal for mobile RFID tags identification. IEEE Commucations Letters, 2019, 23(4): 620-623.

[29] Zhu W P, Cao J N, Chan H C B, et al. Mobile RFID with a high identification rate. IEEE Transactions on Computers, 2014, 63(7): 1778-1794.

[30] Arjona L, Landaluce H, Perallos A et al. Hardware based design and performance evaluation of a tree based RFID anti-collision protocol. 2015 International EURASIP Workshop on RFID Technology, 2015: 44-47.

[31] Landaluce H, Perallos A, Bengtsson L, et al. Simplified computation in memoryless anti-collision RFID identification protocols. Electronics Letters, 2014, 50(17): 1250-1252.

[32] Landaluce H, Perallos A, Onieva E, et al. An energy and identification time decreasing

procedure for memoryless RFID tag anticollision protocols. IEEE Transactions on Wireless Communications, 2016, 15(6): 4234-4247.

[33] Su J, Sheng Z G, Wen G J, et al. A time efficient tag identification algorithm using dual prefix probe scheme (DPPS). IEEE Signal Processing Letters, 2016, 23(3): 386-389.

[34] Zhang L J, Xiang W, Tang X H, et al. A time- and energy-aware collision tree protocol for efficient large-scale RFID tag identification. IEEE Transactions on Industrial Informatics, 2018, 14(6): 2406-2417.

[35] Liu X H, Qian Z H, Zhao Y H, et al. An adaptive tag anti-collision protocol in RFID wireless systems. China Communications, 2014, (7): 117-127.